告别自责

——＝ 与内心和解 ＝——

[日] 根本裕幸 ● 著　　任寅秋 ● 译

いつも自分のせいにする罪悪感がすーっと消えてなくなる本

世界图书出版公司
北京·广州·上海·西安

图书在版编目（CIP）数据

告别自责，与内心和解 /（日）根本裕幸著；任寅秋译. — 北京：世界图书出版有限公司北京分公司，2022.5（2023.4重印）

ISBN 978-7-5192-9525-7

Ⅰ.①告… Ⅱ.①根… ②任… Ⅲ.①人生哲学—通俗读物 Ⅳ.①B821-49

中国版本图书馆 CIP 数据核字(2022)第070912号

いつも自分のせいにする罪悪感がすーっと消えてなくなる本

ITSUMO JIBUN NO SEI NI SURU ZAIAKUKAN GA SU TO KIETE NAKUNARU HON

Copyright © 2019 by Hiroyuki Nemoto

Illustrations © 2019 by Kotaro Takayanagi

Original Japanese edition published by Discover 21, Inc., Tokyo, Japan

Simplified Chinese edition is published by arrangement with Discover 21, Inc.

Arranged through Inbooker Cultural Development (Beijing) Co., Ltd.

书 名	告别自责，与内心和解	
	GAOBIE ZIZE, YU NEIXIN HEJIE	
著 者	[日]根本裕幸	
译 者	任寅秋	
责任编辑	张建民	
特约编辑	李 彤	
封面设计	守 约	

出版发行	世界图书出版有限公司北京分公司	
地 址	北京市东城区朝内大街137号	
邮 编	100010	
电 话	010-64038355（发行） 64037380（客服） 64033507（总编室）	
网 址	http://www.wpcbj.com.cn	
邮 箱	wpcbjst@vip.163.com	
销 售	各地新华书店	
印 刷	唐山富达印务有限公司	
开 本	787 mm×1092 mm 1/32	
印 张	8.5	
字 数	140千字	
版 次	2022年5月第1版	
印 次	2023年4月第2次印刷	
版权登记	01-2022-1890	
国际书号	ISBN 978-7-5192-9525-7	
定 价	39.80元	

如有质量或印装问题，请拨打售后服务电话010-82838515

引 言

为什么我们总是无法原谅自己呢？

虽然有些突然，但是请回想一下，你是否出现过以下这些状况？

○ 无论发生什么事都会习惯性地责怪自己，否定自己；

○ 对自己做过的事感到后悔；

○ 一旦遇到不顺利的事，就会觉得是因为自己不好；

○ 或者一旦遇到不顺利的事，就会觉得是因为其他人不好；

○ 在工作或恋爱中，有时会强迫自己过度努力；

○ 对和自己关系密切的人怀有某种歉意；

○ 会有害怕伤害到重要之人的恐惧感；

○ 会模糊地认为自己不能获得幸福；

○ 会因为曾经没有帮助某个人而产生痛苦的回忆；

○ 经常将自己逼迫到无路可走；

○ 会过度回应他人的期待；

○ 无法坦然接受他人的感谢或喜爱；

○ 认为自己没有被他人喜爱的理由；

○ 明明对工作或恋爱非常努力投入，却感觉没有得到
回报。

这些仅仅是在你心中怀有负罪感的情况下，会经常出现的各种反应之中非常有限的一小部分而已。

负罪感这种情感，会对我们的人生产生非常重要的影响。一旦心中怀有负罪感，我们就无法允许自己获得幸福。

如果是像伤害到某个人这样明显且容易理解的负罪感的话，我们都能够意识到它；可如果不是这样的负罪感，那么在很多情况下，我们是意识不到自己心中怀有这样

的情感的。

　　作为一名从业近20年的心理咨询师，我曾与无数的患者进行过接触。我意识到，虽然在这些患者所遇到的情况之中，最容易导致问题的情感就是负罪感，但是很多人都没有意识到负罪感也存在于自己的内心，并因为它而承受着痛苦（也就是无法获得幸福）。

　　因此，我就针对如何消除负罪感，并原谅自己做了一番研究。

消除妨碍幸福的负罪感

　　人一旦怀有负罪感，就会惩罚自己，从而无意识地选择让自己无法获得幸福的道路。我们明明有意识地选择了自认为能够获得幸福的工作、恋人或环境，但不知为何，它们反而会让我们受到伤害，陷入痛苦的境地。

　　"职场中的人际交往怎么都不顺利。""明明那么努力想要做出成果，却总是一无所获。""和伴侣总是不停地吵架，实在太累了。"　"对着孩子只会生气，完全无法成为一个好母亲。"　"明明想要和他人变得亲密，但刚要亲密起来的时候马上就想逃离。"

每当我听到来访者说出类似的话时，经常会发现，虽然不能一概而论，但这些案例的背后往往都有负罪感的踪迹。

而当他们试着一点点消除这些负罪感（也就是开始原谅自己）之后，不可思议的是，这些问题也会逐渐得到解决。

认识到背后的"爱"，让生活变得轻松起来

我发现，这些负罪感的深处其实还存在着大大的"爱"。这个问题在本书正文部分将会讲到。

正因为你爱着自己的孩子，才会对孩子怀有负罪感。

正因为你爱着自己的伴侣，才会去惩罚没有勇气的自己。

　　而把人际交往中的摩擦全都归于自己的错误,也是因为你喜欢大家。

　　考虑到负罪感是一种会从任何小事之中产生的情感,我并不建议大家将它完全抹去。但是,如果能认识到藏在负罪感深处的"爱",我们就能够肯定自己,原谅自己,从而生活得更加轻松。

　　本书将对负罪感进行深度剖析,通过大量的案例,为大家介绍一系列发觉潜藏在负罪感背后的"爱"并原谅自己的方法。

　　如果本书能帮助你从这种情感中解放出来,以自己的方式享受幸福人生,那将是一件幸事。

目 录

第二章
消除负罪感并原谅自己的方法 /115

第三章
从负罪感中将自己解放的案例 /203

终　章
以你现在的样子也可以获得幸福 /253

第一章

为什么我们会
有负罪感？

1

负罪感是认为自己
应该受到惩罚的情感

让我们感到不幸福的罪魁祸首

无法原谅自己，是因为心里有负罪感

心理学有句名言："如果你现在无法感到幸福，那说明你没有原谅自己。"也就是说，你现在的不幸福或多或少表示了你的内心怀有负罪感，它不允许你自己感觉到幸福。

当然，这种说法也许并不能够让大家很快理解。

负罪感这种情感，从"我不好""都怪我"这些浅显的想法，到藏在潜意识深处想要惩罚自己的冲动，会以各种不同的形式表现出来。

这些藏在潜意识深处的负罪感，一般情况下是很难被发觉的。也正因如此，作为心理咨询师的我们才会试图从"间接证据"中把它揪出来。

为什么有的人明明如此魅力四射，却偏偏选择无法获得幸福的恋爱？

为什么有的人明明拥有优秀的能力，却还要在让自己受伤的职场继续工作？

为什么有的人一个劲儿地选择条件严酷，还无法得到回报的工作？

为什么有的人不相信自己的价值，一头扎进无法获得幸福的人际关系中？

为什么有的人明明深爱着自己的孩子，却对自己的爱无法拥有自信？

每次从来访者口中听到这样的故事，我都会推测："他会不会在这个地方怀有负罪感呢？"

POINT：负罪感潜藏在你无法感到幸福的现象背后，这可能是由你不能够原谅自己而造成的。不如试着以"也许我心里怀有负罪感"这样的视角来重新思考一下。

负罪感会表现为各种不同的形式

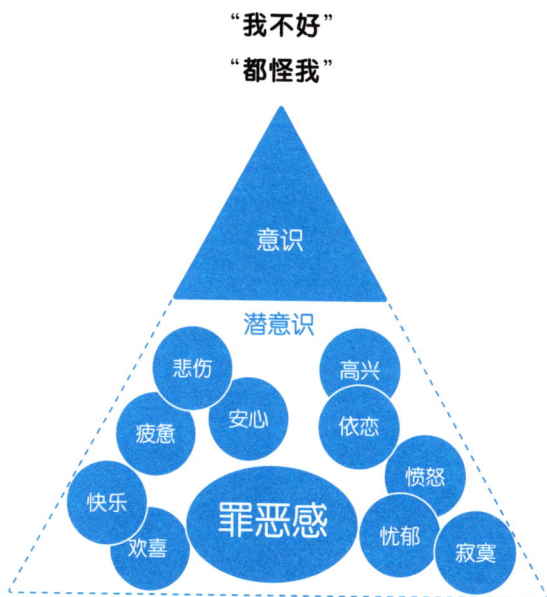

"我不好"

"都怪我"

藏在潜意识深处的负罪感，是很难被发觉的

无论是谁，每个人都怀有负罪感

执行惩罚的人正是"我们自己"

无论我们能否意识到，负罪感这种情感最终都会导向不幸福的结果。一旦我们怀有这种情感，就会认为"自己应该受到惩罚"，从而让自己受伤，让自己痛苦，让自己向着不幸福的境况一步步靠近。

这就如同犯下重罪的犯人要接受法律的严惩一样。但有所不同的是，在这种情况下，既没有下达公正判决的法官，也没有为你辩护的律师，等待你的只有冷酷的刽子手。

当然，这个刽子手正是被负罪感附身、主张"应该给予更严酷的惩罚"的你自己，除此之外更无他者。

一位心理治疗专家曾说过这样一句话："如果从人们的心中消除负罪感这种情感，那么所有人都会获得幸福。"

事实上，负罪感就是这样一种对你的人生拥有如此巨大之影响力的存在。

反过来说，如果你现在感到不幸福，就可以认为是负罪感在背后作怪。

游戏因为有规则才有趣

那么，为什么我们的人生需要这种"让自己感到不幸福"的情感呢？

下面的表述会稍显抽象，但请耐心读下去。

譬如，足球这项运动有一条规则，即"除守门员以外的球员不可以用手触碰足球"。此外，故意妨碍对手的动作会被判犯规，情节严重的还会被裁判出示红牌罚下。足球本身就是这样一种游戏，它被附加了须以包含守门员在内的 11 人互相对抗的规则。

正是因为有了这些规则，足球才变得更加有趣。虽然运动员把手也用上当然会更轻松，取消球场上的人数限制会更容易取胜，但这样的话比赛就变得很无聊了。

无论什么样的游戏或运动，都是因为有了规则或其他约束，才能让人感到快乐。

假如你去打保龄球，工作人员对你说："今天球馆大酬宾，为了让大家取得 300 分（满分），我们将全力以赴地帮助您。请看，我们的工作人员已经在木瓶前准备好了。您把球投出去的一瞬间，工作人员就会用手将木瓶全部推倒。不错吧？"此时，你还会跃跃欲试吗？

不管是保龄球、足球、高尔夫，还是网络游戏，正是因为不能一上手就精通才有趣，才能让人体会到竞技的快乐。就算真的有人开了必定人人都能取得 300 分的保龄球馆，恐怕也会很快倒闭吧。

规则和限制是让人不自由的东西，有时也会成为压力的来源。

　　但正是因为有了这些规则，游戏才变得有趣，戏剧性才会产生。

　　POINT：由于怀有负罪感，我们选择对自己施加严酷的惩罚，但也许这恰恰是为了让人生变得更有趣的"规则"之所在。

为我们的人生增添戏剧性

在人生的游戏中，负罪感是必不可少的存在

从规则和限制会让游戏变得更加有趣这一点出发，请大家进一步扩大认识，设想一下"自己现在正在玩一场名为'人生'的游戏"。

如果简简单单就能通关获得幸福，那么这样的人生真的很无聊。反而是这样的人生——生活接二连三地出现问题，让人内心烦恼、不知如何是好，而我们披荆斩棘，将这一切成功克服——作为一个游戏才更为有趣。你说呢？

在这场名为"人生"的游戏之中，成为规则和限制的最大因素就是负罪感。

因此，我们有时候会看到这样的比喻。

"如果有人在你出生的时候就告诉你'带着什么样的情感都可以哦'，那最有人气的选择可能就是'负罪感'了。"

也就是说，一方面，负罪感的确会让我们感到痛苦、烦恼；但另一方面，它既是让这场人生游戏变得热闹的限制条件，也是能够为我们的人生增添戏剧性的情感。

目标并不是消除负罪感，而是与之共存

既然负罪感是一种如此重要的情感，我在这里也并不建议大家将它完全治愈。相反，考虑到负罪感是如此根深蒂固，可能产生于任何小事之中，我建议大家不妨学会与之和谐共存。

我们要做的并不是像远离坏人一样远离负罪感，而是掌握与它共存的方法，大概就是这个样子。

如果用疾病来打比方的话，它就像一个人的老毛病一样。

　　如果能够弄明白这种老毛病的特征，你就一定能够应对它，同时变得幸福起来。

　　负罪感也一样。我们并不会因为怀有负罪感就不能够获得幸福，而是可以与之和谐共存。

POINT：比起试图让负罪感消失，将它看作让人生变得更加有趣的规则，学习如何与它和谐共存，可以更简单地让我们变得能够感到幸福。

负罪感也会传播给身边人

不知不觉间将自己逼入绝境

负罪感经常被比喻为一种"重担"，它会让你背负各种各样的东西。

譬如，你从属于某个工作组，正在推进一项业务。经理负责管理时间计划并监督工作进度，团队的其他成员也都在各自执行经理分配的任务。当然，你也有经理以"你做一下这个"的方式委派下来的任务，但你总觉得光完成这些任务是不够的，自己应该再努力一些。

在这种情况下，如果后辈的工作遇到了一些困难，你就会不由自主地说"这个让我来做"，然后把工作接到自己手上；如果前辈的时间安排得有点紧张，你也会说"让我来帮忙吧"，然后去支援他。

这些行为会对你自己负责的工作造成挤压，最后导致你每天加班也完不成任务，连休息日也要出勤去把工作做完。

当然，长此以往，你疲劳的身体得不到恢复，压力也会逐渐累积。但你会把它解释为"这只是因为自己的能力不足"，最终将自己一步步逼入绝境。

负罪感不只停留在你心里，也会传给身边人

让我们再来举一个例子吧。

假如你有妻子和两个孩子，是这个家的顶梁柱。你通过自己的努力工作为全家人带来了稳定安逸的生活，同时也并未放松在养育孩子的方面给予妻子全力支持。即使你工作已经很累了，下班后非常想休息，但只要孩子说一句"爸爸，我们去公园玩吧"，你也会答应孩子"好，知道了，要带上球吗？"，然后骑上自行车带着孩子前往公园。当你回到家里之后，看到妻子在做家务，

你感觉终于能放松一下了。这时候如果她对你说"你可以去看看孩子的作业吗?",你也会回答"好,知道了",然后向孩子的房间走去。

以周围人的眼光来看,这应该是一个完美的爸爸形象。妻子也一定会感谢你。

你也把这一切看作理所当然的事情在努力完成。然而遗憾的是,就算你在职场中因为完成了高强度的任务而急需休养身体,这样的需求也会被你推迟。

比起自己的事情来,妻子和孩子更重要,工作和客户也比自己更为优先。当然,也许这本来就是你自己想做的事,但由于你承担了超过必要限度的任务,你的内心开始发出悲鸣。

你所做的都是非常棒的事情。但如果你无视自己的内心和身体,背负过多东西的话,最后也会变得不再是为他们着想。

如果你因此而倒下,身边人会怎么想呢?

他们反而会被强烈的负罪感苛责,你明白吗?

受负罪感影响而让自己背负过多的东西,最终也会将负罪感扩散给身边人。

下面给大家再讲一个同样是这种心理在作祟的故事。

你所分享的是喜悦，还是负罪感？

今天，你决定将朋友叫来家里，举办一场派对。为了让大家感到开心，你从前一天就开始烹制热汤，打算用它来招待大家。

因为来的朋友很多，所以你煮了一大锅汤。当大家聚在一起正在聊天的时候，你把汤端上桌，用听起来特别高兴的声音对大家说："来，做好啦！"接着把汤依次添入每个人的碗里，分给大家品尝。大家喝了汤，都开心地夸赞"好喝"，然后继续大快朵颐。

你看到这个样子非常开心，对大家说："喝完了可以再来盛。"于是大家依次把碗递过来，你为他们重新舀满汤。这个场面令你非常高兴，你不停地为大家分发着汤，而大家也都对你说："哇，真是美味，谢谢款待！"

就在这时，你的肚子咕地叫了一声。

大家露出了惊讶的表情，问你："咦？你没有吃吗？"

"哎呀，见到大家实在是太开心了，早就把自己的事情给忘掉了。我随便吃点什么就行，没关系的。"

可是，听了你的话，大家脸上逐渐笼上了一丝尴尬。

也有人对你说："对不起啊，我没想到你的事，一个人喝了三份。"不知为何，现场的气氛变得非常沉重。

接受身边人的爱，与幸福紧密相连

到你为大家煮好汤，让所有人露出笑容为止，一切都很好。可一旦朋友们知道你忍着饥饿为大家盛汤，就都会产生负罪感。

也就是说，你原本想要分享喜悦，但最后的结果是与大家分享了负罪感。

一旦你心里有了负罪感，就会产生这样一种自我牺牲的态度，从而衍生出"我无所谓，大家都要幸福呀"

这样的想法。

但大家想的是"你也要一起获得幸福"。

也就是说，你并没有接受大家对你的爱，所以才会造成原本想要分享喜悦，最终却分享了负罪感的结果。

要想从这样的负罪感中将自己解放出来，学会接受是关键。

我们要学会接受"感谢"，这是大家对你的喜爱。如果你能够坦然接受这份喜爱，就可以比现在更轻松地发挥出属于自己的领导力。

你要做的只是给自己的碗里也盛上一些汤，然后开心地说出"哇，真是好喝！味道真不错！我说不定是个天才，你们也都多喝一些"，然后和大家一起享受这一切。这才是真正的领导力。

> POINT：为了别人而努力是一件很棒的事情。但如果这样做需要以牺牲自己的内心为代价，那么即使是出于善意，最终也会变成散播负罪感的行为。所以，学会接受是非常重要的第一步。

负罪感如果过度累积，就会向四周散播

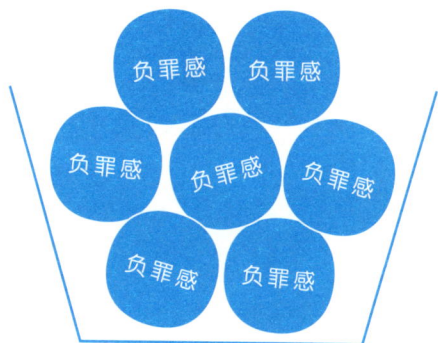

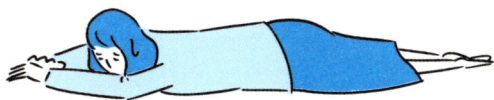

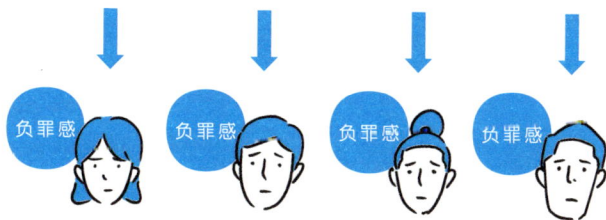

从已有的负罪感中，会产生新的负罪感

2

负罪感的 16 个征兆
和 7 种类型

我身上会不会也有这些危险的征兆？

承认"我的心里怀有负罪感"

负罪感并不只是表现为"我不好，都怪我，我应该受到惩罚"这样明显的情感。

因此，如果你的生活风平浪静，也许你就会认为自己没有什么负罪感。但实际上，后文即将介绍的这些征兆，包括一些感觉和想法，才是绝大多数情况下我们能够意识到的负罪感的表现。在这些征兆之中，只要有一项好像能与自己匹配得上，那么你的心里就同样根深蒂固地怀有负罪感。请大家明白这一点。

话虽如此，之前我也讲到，"怀有负罪感就不行"这种解释是非常危险的。负罪感可以说是一种"理所当然的存在"，所以我建议大家不如承认它的存在，并思考与之共存的方法。

征兆 1　感觉自己不应该获得幸福

如果你模模糊糊地有过这样的想法，也许负罪感就已经偷偷地沉睡在你的潜意识之中了。它在你的耳边向你说着悄悄话："你没有资格获得幸福！"

征兆 2　感觉自己会伤害到重要的人

负罪感会鼓动你犯下更大的罪过。也就是说，它会要求你攻击某个人，让对方受到伤害。因此，你会一直被这种想法驱使。

征兆 3　感觉自己会主动远离重要的人

如果你认为自己会伤害到重要的人，那么对方在你心里越重要，你就越想要远离他。把这种想要远离自己所爱之人的矛盾思想推到你面前的，正是负罪感。

征兆 4　接近所爱之人会感到恐惧，想要逃开

如果你因为爱一个人而想要远离他，那么你一定也

会对接近他感到恐惧。究其原因还是你不想让所爱之人
受到伤害，所以才怀有这样纠结的心情。

征兆 5　认为自己是不洁的

当你因为某些契机而产生负罪感的时候，你可能会
认为自己是不洁的，并深深自责。就像做了某种无法挽
回的事情一样，你会陷入一种错觉，认为自己再也无法
恢复纯洁的身体和心灵。

征兆 6　怀疑自己是给别人添麻烦的存在

负罪感经常会让你攻击自己。它会让你产生"没有你，
大家会更幸福"这样的想法。所以，如果你怀有这种情感，
就会经常认为自己给周围的人添了很多麻烦，以致变得
坐立不安。而这就正中了负罪感的下怀。

征兆 7　对幸福感到恐惧，进而不相信幸福

负罪感会让你打心底里对"自己是罪恶的存在，是
坏人，所以不能获得幸福"这样的想法深信不疑。因此，
当你获得成功或荣誉的时候，当别人给予你恩惠的时候，

你不仅会无法坦然地接受，还会想要逃离这些事物。有时你甚至会怀疑自己是不是被欺骗了。

征兆8 觉得没有人爱自己

如果你对自己是"坏人、给人添麻烦的人"这一点深信不疑的话，自然会认为"又有谁会喜欢这样的自己"。负罪感越强，你就越认为"不会有人爱着自己"。

征兆9 无法接受他人的爱

在这种情况下，即使有人向你表露喜爱，你也无法坦然地接受它。有时你还会把他人的爱看作伤害自己的刀刃，或是想要以自己为笑柄的陷阱。

征兆10 不擅长寻求帮助

让你感到痛苦正是负罪感的目的。因此，每当你想要寻求援助而向其他人伸出求救之手时，它当然不会允许这样的行为出现。最终的结果是，即使已经明显超过了自己所能承受的限度，你也必定会一个人想尽办法全都承担下来。

征兆 11　认为自己的自由会给其他人带来麻烦

负罪感会束缚你的自由，如同将你关在监狱中一样，限制你的行动和思考。因此，它会在你耳边对你说："你所期望的自由不仅会给别人带来麻烦，也绝不可能让你获得幸福。"

征兆 12　一旦出现问题，就认为是自己的错

当你的工作或家庭出现问题的时候，负罪感就会发挥作用，让你首先去责备自己。它会让你执着地认为：进度落后都要怪你，出现争执也都要怪你，等等。

征兆 13　认为自己是像毒药一样的存在

如果你认为自己是毒药的话，那么前面介绍的这些征兆是不是就好理解了呢？

因为你觉得自己是有毒的，所以就会想要远离所爱之人，不仅无法接受他人的爱，也无法允许自己接受他人的帮助。不如说，你会认为自己是给他人带来麻烦的存在，就像毒药一样。

征兆 14　当事情进展顺利的时候反而想要放弃

负罪感不希望你获得幸福或成功。所以，一旦事情有顺利推进的可能，你就会出现想要放弃它的冲动。当你即将签下一份优秀的合同的时候，当你想要和喜欢的人结婚的时候，当有人向你提出你梦想中的报酬的时候，你都会产生拒绝它的念头。

征兆 15　内心有想要毁坏某些东西的欲望

为了让你惩罚自己，负罪感会不断地试图让你受到伤害。出于这个原因，你常常会冒出想要毁坏某些东西、伤害某些人的冲动。我们有必要认识到，这样的想法是你心中怀有自我破坏的欲望的投影。

征兆 16　认为自己不应该抛头露面

负罪感会告诉你，因为你必须为自己赎罪，所以不适合站在聚光灯下，而是应该悄无声息地生活在阴暗潮湿的角落里。

了解负罪感的征兆，从接受它开始

如果你能隐约感受到自己有上述介绍的这些想法，那么负罪感很可能早已深深扎根在你的潜意识之中了。

各种原因的累积，使你有了"我是坏人，必须受到惩罚，不应该获得幸福"之类的想法。而这些想法，正在驱使你将自己关进心牢。

首先，请准确地认识到自己的心中怀有负罪感吧。

没关系，你完全可以把这种负罪感降低到不再折磨自己的程度，从现在开始成为一个能够感觉到幸福的人。

POINT：正因为负罪感的存在太过理所当然，很多情况下我们反而很难察觉到它。如果你感觉"努力得不到回报"或者"不幸福"，那么在这一切的背后，负罪感很可能正在蠢蠢欲动。

负罪感有 7 种类型

上一节为大家介绍了心中怀有负罪感的 16 种征兆，据此我们来进一步整理一下负罪感的种类。

总体上，我认为负罪感可以分为 7 种类型。下面从最容易被大家意识到的类型开始依次介绍。

类型 1　伤害或者侵犯了他人（加害者心理）

最容易理解的负罪感就是这种加害者心理。说到负罪感，大家心中是否也会立刻想到这一种呢？是否会想到因为自己的某种言行而使对方受到了伤害？

例 1：与朋友发生争论，说出了令朋友受伤的重话。

例 2：女友说她很爱你，你却做了背叛她的事。

例3：没能让自己深爱的伴侣获得幸福。

例4：因为自己的口不择言，导致和对方的信任关系破灭。

例5：在工作中犯下了大错误，不仅给自己，也给合作方造成了很大的麻烦。

例6：孩子在学校里不讲自己的想法，也许是因为你给了他过多的指示。

在心理学的世界里，有一种看法认为，"加害者同时也是受害者"。

因加害者的行为而受到伤害的受害者，在那一瞬间会对加害者产生攻击性的想法。这种想法有时会以"都是因为你我才受到伤害的！你要负起责任！"这样的言行表现出来，有时则会演变成受害者对对方怀恨在心。一旦受害者以某种理由对对方进行批判或攻击，这个瞬间他就会转变为加害者。这样一来，原本的加害者也会因此而转变为受害者，如此交替进行下去。因此，"加害者同时也是受害者"这种看法就可以成立。

如果你在被他人伤害的瞬间产生了攻击对方的想法，

你就会在这一瞬间成为加害者，从而产生负罪感。当然，这在每个人身上都是有可能发生的，所以也请不要认为它是一件不好的事情。负罪感正是这样一种动不动就在我们的心中产生的情感。

除此之外，还有一种能够帮助我们从加害者与受害者的恶性循环中脱离的思考方式，叫作"无害者"，即停止攻击对方，同时也放弃自己的受害者身份，成为无害的人。

类型 2　没能帮到忙，没有起到作用（无力感）

这种类型的负罪感和加害者心理类似。你努力的目标本来是想要提供帮助，拯救他人，或者不愿意制造麻烦，但因力所不能及而没能够顺利达成。这种情况下产生的负罪感有时也被称为"无力感"。

例1：为了帮助总是很伤心的母亲，你每天听她诉苦，并鼓励她，但她一直没能够振作起来。

例2：你想要帮助酗酒的父亲，时而与他斗争，时而成为他的同伴，但最后父亲还是病倒去世了。

例3：你总是倾向于寻找受到伤害的伴侣。相比健全的人，你更经常接触存在问题的人，并全力以赴地想要让对方获得幸福，却没有成功。

例4：你想要让工作做得更好，于是去给前辈做助手，最后却成了累赘，没能够帮到他。

例5：公司对自己寄予厚望，你也想要努力为公司做出成果，但遗憾的是一切并不顺利。

例6：你为了让员工获得幸福而东奔西走，但销售额并没有如期待的那样得到提升，无奈之下你只好降低员工的工资。

类型3　不作为，视而不见

怀有这种想法的人往往会产生最难以自我原谅的负罪感。

　　这是一种"不作为的负罪感"。正因为你什么也没有做，所以也不会被公开问责。同时，由于周围的人都为你开脱，你反而会一直责备自己，或是不停地后悔"当时我要是这么做就好了"。

　　例1：你发现后辈的工作遇到了困难，但是以为"这里放着不管应该也没有关系吧"，就并没有把它当回事儿，但它最后发展成了一个巨大的麻烦。此时你会想，如果当时自己帮他一下，说不定就什么问题都不会出现了。

　　例2：你发现同事的脸色不太好，但是以为"他应该没事吧"，就什么都没有说。几天后，那位同事病倒了，需要长期住院治疗。听到别人说"如果他能早几天接受治疗就好了"，你会想"要是当时我能够和他说一声的话多好"，并为此感到非常后悔。

　　例3：前辈A和前辈B两人相处不太融洽，你突然想到如果自己能从中调解一下，说不定会好起来，但又觉得也没有必要做到这个程度，就什么都没有做。结果两位前辈的关系不断恶化，团队也因此面临崩溃的危机。

类型 4　对蒙受幸运的负罪感

在难以自我觉察的负罪感之中，有这样一种类型。

蒙受幸运本身是一件非常棒的事情，但因为无法接受它的价值，有时反而会转变为负罪感。

例 1：你的家庭算得上比较富裕，因此你拥有周围的孩子们所没有的玩具，也经常出门旅行。这让你不愿意在学校里讲自己的家庭情况。

例 2：你的丈夫在上市公司工作，你虽然是专职主妇，但也过着相对不用为金钱发愁的生活。当你听到同为母亲的朋友们讨论兼职工作或者和金钱相关的话题时，就会不自觉地感到难为情。

例 3：你和自己的女性好友经常一起玩。但是，5 个人中有男朋友的只有你。因此，你会难以对大家讲出你和男朋友恩爱的故事，最终总是把自己对男朋友的不满作为话题。

例 4：你从小就长得非常漂亮，周围的人经常夸你"可爱""美丽"。你害怕招来他人的嫉妒，就养成了尽量不引人注目的行为举止习惯。

　　例5：你认为高学历是一件遭人嫌弃的事情，所以当你在职场和私人场合聊到学生时代的时候，都会多少有些警戒心。

　　另外，这种负罪感也会产生"对招致嫉妒的恐惧"。例如，在前面所举的第3个例子的情况下，你无论如何也无法对大家说出"其实我和男朋友很恩爱，昨天也和他度过了激情四射的一夜"这样的话。于是你会觉得，如果自己不能提供"之前男朋友好像对我撒了谎，偷偷去参加了联谊"之类的负面话题，就会很不好意思。

　　在这些对自己蒙受幸运而怀有负罪感的人身上，还会存在另一种情形：他们通过喜欢上有很多问题的人，去帮助对方，来试图消除自己的负罪感（也就是所谓的补偿行为）。

　　如果你对此深有同感，我建议你尝试着放下这种负罪感，对物质的丰足和自身的幸运报以衷心的感谢。

类型 5　自己是毒药，是肮脏的东西

如果负罪感在你的潜意识里累积过多，你就会产生这种感觉——它会让你反复做出令自己无法获得幸福的选择。这种负罪感的产生并没有特定的原因，因为它往往是多种负罪感累积的产物，所以人们很难自我发觉。出于这个原因，它具有一种鲜明特征，即经常会带来"虽然自己想要获得幸福，并为之付出了很多努力，但不知为何并不顺利"这样的想法。

例 1：因为觉得即使和自己在一起，对方也不会幸福，所以保持距离。（之后，因为疏远而感到寂寞，所以会再次靠近，但很快又在负罪感的驱使下选择拉开距离。这种反复的状态类似"刺猬困境"[1]。）

例 2：越是爱对方，就越会为了保护对方而与其保持距离。

1　刺猬困境，是德国哲学家叔本华提出的一个寓言故事。两只刺猬想要靠在一起取暖御寒，可是离得太近就会被对方刺伤，离得太远又无法起到取暖作用，所以为合适的距离而苦恼。

例3：认为自己既无法获得幸福，也不应该获得幸福。

例4：总是会做出让自己受伤、无法获得幸福的选择。

例5：工作总是很辛苦，可是得到的报酬却很少。

例6：明明并非自己所愿，但你的伴侣大多是会让你受到伤害的类型（暴力、欠债、赌博、酗酒、工作狂等）。

例7：自己有赌博、酗酒、工作狂等倾向。

例8：容易建立"依恋"[1]的关系。

类型6　来自父母或伴侣的负罪感

因为我们想要帮助所爱之人，所以也会试图背负对方所背负的负罪感。这是一种将对方的负罪感复制一份，并把它当作自己的所有物来对待的状态。因此，我们会不自觉地陷入"为别人的情感而痛苦"的境地。

1　该词的日语原文为"瘉着"，本义是指由于炎症，原本应该分开的器官和组织粘连在一起，后来也被人们用来比喻本来应该保持距离的东西，却在不受欢迎的状态下紧密结合在一起。

譬如，你非常喜欢你的母亲，而她正在因为负罪感而苦恼。这个时候你就会想让母亲轻松起来，哪怕一点点也好。当母亲向你抱怨"都怪我才变成这个样子"的时候，你就会为母亲着想，于是对她说："不，不是这样的。是我不好，都怪我。"

母亲的负罪感就像寄存在你身上的重担一样。

另外，这种情况与个人的行为和思考模式的形成密切相关。原本孩子们就会从自己最喜欢的父母那里复制各种东西，从言行、思考方式到价值观，皆是如此。如果你的父亲正在遭受负罪感的折磨，并因为这种情感而伤害自己，选择无法获得幸福的道路，或是做出攻击他人的行为，那么你也会无意识地模仿这些"基于负罪感的行为"。

例1：如果母亲对孩子怀有"做我这种人的孩子，真是对不住你"这样的负罪感，那么孩子也会把这种负罪感模仿过来，进而觉得"我这种人做你的孩子，真是对不起"。

例2：你的伴侣总是因为巨大的工作压力带来的负罪感而痛苦。你为了帮助对方，就会选择让自己也承担巨大的工作压力，来获得与对方的情感共通。

类型 7　其他负罪感

基督教中有所谓"原罪"的思想，即"人生来就背负着罪孽"，而佛教中也有禁止杀生的思想。这些教义一般是为了劝说信众感恩、恭谨、谦虚地生活而产生；但反过来，越是热诚的信众，就越会执着地认为"我是有罪的存在"，也就越容易产生负罪感。

所有的负罪感都符合这 7 种类型之中的某一种。从下一节开始，让我们来看看负罪感的具体心理和表现吧。

POINT：从"容易意识到"到"难以意识到"，负罪感分为很多种类型。导致大多数问题产生的缘由是扎根于潜意识之中的"难以意识到的负罪感"。

负罪感的 7 种类型

容易意识到

类型 1
**伤害到他人的
负罪感**

类型 2
**没能帮到忙的
负罪感**

类型 3
**不作为的
负罪感**

类型 4
**对蒙受幸运的
负罪感**

类型 7
**宗教或其他原因
导致的负罪感**

类型 5
**认为自己肮脏的
负罪感**

类型 6
**来自父母或
伴侣的负罪感**

难以意识到

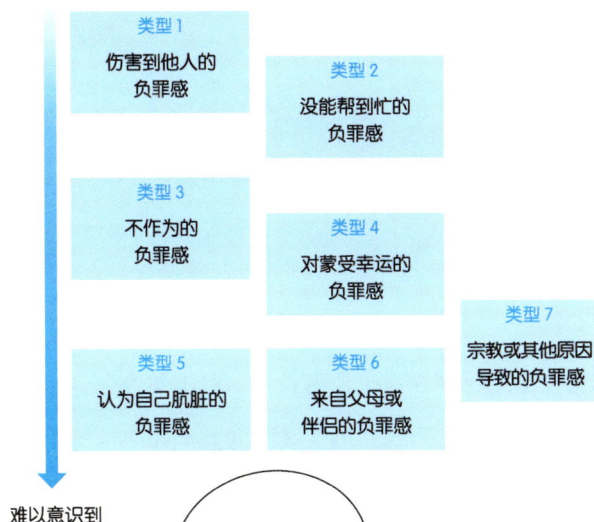

我说不定属于
第 5 种类型

无意识的程度越深，负罪感就越难以被察觉

聚餐的失败都要怪我?

突然觉得"一切都怪我"

这种负罪感属于上一节所讲的类型 2。

这场与同事们的聚餐你期待已久。负责人花了很大力气做准备,现在终于要开始了。但不知为何,现场的气氛却稍显紧张。即使有人讲了有趣的段子,大家也完全笑不出来,还有一些人在角落里自顾自地窃窃私语,感觉在场的人互相之间不太合得来。你也试着和旁边的人搭话,但很快就聊不下去,陷入了沉默。最后大家默默地吃完了饭菜,各自散去了。

在回家的路上,你难掩心中的失望,同时也在想:"莫非都是因为我在现场,气氛才会变成那样?"不由得心情也变得沉闷。

明明你什么都没有做，也没有和同事产生矛盾，但"会不会都怪我"这样的想法仍然莫名地在你心中挥之不去。

虽然我们用同事聚餐来举例，但无论是在职场或同学会上，还是在你喜欢的歌手的演唱会上，每当气氛不佳、空气变得紧张，或者毫无营养的对话不停出现的时候，你会不会突然觉得"一切都怪我"？事实上，这正是负罪感所制造出来的心理。

话虽这么说，但也许你并没有意识到这种情感，也不知道具体的原因。然而，正是在这样的场合下，从童年时期开始就在人际关系中一点点累积起来的负罪感，会毫无防备地让你看到它的样貌。

从潜意识中复活的"执念"

比如，你正在和学校里的朋友们聊天，这时候你说了一句话。不知为何，话一说出口，大家突然就安静了下来，气氛一下子变得很奇怪。此时，你就会产生一种"啊，是我说的话让气氛变得糟糕了"的想法（也就是负罪感）。

再比如，你的家人们正在很热闹地聊着天，你也想加入进来和大家一起聊，但当你开口说"对了，那件事情"的时候，他们却对你讲"你闭嘴，这些跟你没关系"，拒绝让你加入对话。此时，你就会想"啊，我不能参加这场对话，我的加入会给大家添麻烦的"，从而产生负罪感。

像这样的每一件事可能都很小，甚至你现在已经很难全部记起来了。但小小的负罪感一点点累积，就会让你产生"只要我在这里，气氛就热闹不起来"或者"我会给大家添麻烦"的执念。

这样的负罪感，会在像本节所说的聚餐那样的场合浮出水面。

当然，这可能是你第一次有这样的感觉，也可能以前就产生过类似的想法。这种执念对你来讲可能已经变成了"理所当然"的东西，因此你无法意识到它。也就是说，每当你参加这种气氛低迷的聚会时，"只要我在这里，气氛就热闹不起来"的执念就会从潜意识中复活，让你认为"这都是我的错"。

POINT：当你听到有人说"以前聚餐一直都很热闹"的时候，如果你会去想"是不是因为加入了我"，那可能是因为你的心中怀有负罪感。负罪感会在这些难以意识到的心理变化之中发挥作用。

"我会给别人添麻烦"
的执念会从潜意识中复活

表层意识

执念

潜意识

也许是因为
我才热闹不
起来……

是我不好吗?

邮筒是红色的也要怪我?

总是习惯性地否定自己

这种负罪感属于前文所讲的类型 5。

"邮筒是红色的也要怪我"[1]，这种想法也太夸张了吧!

当你怀有非常强烈的负罪感的时候，面对任何事情都会自然而然地用责怪自己、否定自己的方式来思考，认为"一切都怪我"。

从理智的层面来讲，我们自然能够意识到"邮筒是红色的肯定与我无关，在我出生之前它就是红色的了"。可我们还是会带着否定自己所见一切事物的想法，偏偏认为这全都是因自己而起。

1　日本的邮筒大多是红色的，就像中国的邮筒大多是绿色的一样。

让我们来看几个例子。

例1：好不容易有机会出去玩，天公却不作美。你会想："啊，这说不定都怪我。"

例2：出门买东西碰上排长队，此时你会想："这都要怪我。"

例3：听到巡逻车的警笛，虽然你什么坏事都没做，但还是会心里一惊。

例4：你点的咖啡被服务员忘记了。你会想："果然还是我运气不好。"

例5：电车中坐在你旁边的人看上去非常生气。你会想："是因为我做了什么吗？"

当感到内疚成为理所当然的常态时，这种动辄责备自己、否定自己的习惯就会出现。即使是与自己毫不相关的事情（邮筒是红色的），你也会为之而责备自己。

"我觉得无论什么都是我的错。我这种人就应该从世界上消失。"

最终发展到这种想法的人也不在少数。你是什么样

的呢？

POINT：明明身边的人并没有责备你，你却在责备自己。如果出现了这样的情况，你说不定就是被否定自身存在的负罪感困住了。

明明进展很顺利，却总往坏处想

即使是好事，也无法由衷地感到开心

这一节所讲的负罪感与上一节相同，也属于类型5。

譬如，你一年前加入的项目顺利结束，大家都松了一口气，为共同取得的成果而感到喜悦，但你却完全开心不起来。

明明你也非常努力地完成了工作，并做出了应有的贡献，你心里也非常清楚这一点，但不知为何却总有一种对不起大家的感觉。

"如果不是我的话，大家是不是就能做出更多的成果了呢？""如果我不在的话，大家是不是就能更开心地庆祝了呢？"

不知为何，这种想法不停地出现。大家都很开心，你却无法坦然地融入他们。

此外，还有这样的情况。你很用心、很努力地参加相亲活动，终于有了期待已久的恋人。当你把这个消息告诉朋友们之后，大家都为你感到高兴，你也会产生"我的朋友们真好呀"这样的想法。但喜悦很快就消失了，你转而开始想"反正最后也会分手"，或者"虽然现在还好，但等他了解我的本性之后可能就会离开我"。这样的不安开始不断地向你袭来。

"应该还有比我更好的人吧？"

"应该还有比我更适合和他在一起的人吧？"

这种自我怀疑的心情也会从你心中涌起。

负罪感会拖你的后腿

我在前文已经说了很多遍，负罪感会制造出"我不应该获得幸福"的想法。因此，无论是在大家都为项目成功而欢庆的时候，还是在你因为交到了期待已久的男朋友而感到快乐的时候，你心里总有一片阴霾挥之不去。

更严重的情况是，你认为自己给别人带来了麻烦，或者认为还有其他人比自己更适合与对方在一起，从而会产生这种想法：是我毁掉了本应属于对方的幸福。

接受与幸福直接相关的"爱""满足""成功""喜悦"等要素，是负罪感绝对无法容许的事。

不仅如此，它还会让你产生一种错觉，让你坚信今后一定会变得不幸。

当然，这完全不是因为你的性格不好，或是内心阴暗。

负罪感会让你产生这样的思考和情感，并通过这些方式来拖你的后腿。

POINT：我们没有必要去否定自己的性格或者能力。当一切都进行得很顺利，自己却无法为取得的成果发自内心地感到喜悦时，这也许是因为你心里藏着否定自己的负罪感。

明明开心就好，却总给自己泼凉水

自己是"麻烦"的存在吗？

让我们继续来看类型 5 的例子。

情景 1：在你的生日那天，朋友们为你送上了精心准备的礼物。

"你还记得我的生日，真开心！"你为此感到高兴，但同时又觉得——

"让你费心真是不好意思。"

"明明没有必要为了我特意去店里买的……"

如此这般，你是否也会无意间产生否定对方好意的想法呢？

情景 2：上司或者前辈对你的工作干劲给予了称赞。

你嘴上回答着"谢谢您"，心里却在想"怎么可能是在夸我呢？我明明给大家添了不少麻烦"。这种否定自己的情绪瞬间涌上心头。

情景 3：你和朋友们去饭店用餐，店员送上了一盘甜品，并告诉你们"这是店里送的礼物"。

朋友们都开心地发出尖叫，但不知为何你却难以发自内心地高兴起来。

"现在有这样的好事，是不是过一会儿就会发生什么坏事呢？"你条件反射一样地产生了这样的想法。

明明发生了让人开心快乐的事，你心中却总是无意间产生像泼凉水一样的否定想法。这种情况也可以看作拜负罪感所赐。

明明发自内心地感到喜悦就好了，自己却总是产生否定的想法。你也许会很讨厌这样的自己，或者想要给自己贴上"麻烦的家伙"的标签。这样想是没有必要的。因为一旦为负罪感所困，即使是日常的些微小事也会让你不由自主地产生否定自己的想法。

负罪感就是这样，会非常巧妙地潜伏在我们的心中，一旦得到机会就露出獠牙。

　　而且这种情况并不只是一次两次，而是如同日常行为一样，理所当然地反复出现。负罪感会让你觉得自己仿佛是一个性格恶劣的人，是一个期望自己和他人陷入不幸的"讨厌鬼"，是一个无法坦率地表达自己想法的"麻烦的家伙"。

POINT：负罪感会让你无法由衷地接受喜悦和幸福，反而不由自主地感到抱歉，觉得自己不合时宜。

由于负罪感在作祟，即使发生了很好的事，你也会产生否定的想法

我真是个麻烦的家伙……

这世界上最不可原谅的人是我

主动远离对自己而言重要的东西

负罪感会以无法获得幸福为目标，让你一直攻击自己。随着负罪感不断累积，你就会产生一种对任何事都认为"自己不好"的想法。

当出现麻烦的时候，你就会下意识地想："会不会这都是我的错？"这样的感觉只是其中的一个例子而已。相比之下，更为典型的想法是"今天下雨了也都要怪我"。

仿佛你已经开始把自己当作瘟神一样对待了。

于是，越是对你来说重要的东西，你就越倾向于远离它。

你会把自己从这些事物 —— 深爱的人、重要的伙伴、想守护的东西、无可替代的归宿 —— 身边远远地驱逐开。

　　人一旦为负罪感所困，就会觉得这世界上最大的恶人不是别人，正是自己。

　　这世界上最不可原谅的人，也正是自己。

　　也就是说，"这世界上没有人会比你更无法原谅你自己，也没有人会比你更严重地惩罚你自己"。

POINT：当心中怀有负罪感的时候，你就会把自己当作瘟神一样对待。没有人会比你更无法原谅你自己，也没有人会比你更尖锐地攻击你自己。

3

由负罪感引起的

各种行为和问题

负罪感越强，越执着于正当性

负罪感会将自己正当化

我经常从来访者那里听到这样的话：

"我丈夫在外面有别的女人了，可他没有一点做错事的样子，还满口'都是你的错'，不承认自己的不好。可我完全不觉得自己做了什么不对的事情呀。"

我回答她说："不，不如说你丈夫的心中其实充满了负罪感。正是因为他认识到自己做了不好的事，才采取这样的态度。"

她又问："如果觉得自己做得不对，就不能道个歉，或者改正一下态度吗？"而我则会回答："不行，如果认错的话，不是会变得很糟糕吗？"然后，我会向她做出下面的解释。

人越是有"自己做了不好的事"的自我认识，就越会认为"我需要向对方赎罪"或者"我必须低下头来认错"。如果站在出轨的丈夫的立场上，他会认为"一旦承认了，那我在妻子面前就一辈子抬不起头，以后都要像奴隶一样生活了，只有这样才能补偿我的过错"。

在这样的情况下，人们便会倾向于认为唯一的解决方案就是拒不认错，硬着头皮继续过下去。而为了达到这个目的，只好将自己的行为正当化。

因此，人们越是怀有负罪感，就越不会承认自己的过错，反而会去主张自己行为的正当性。

越是主张正当性，负罪感就越强

请大家稍做想象。

你不小心碰洒了坐在你旁边的同事的咖啡。实际损失不大，仅仅是弄脏了几张记录用纸和一支圆珠笔而已。这时你一边说着"啊！真对不起！"，一边手忙脚乱地

负罪感会反过来将自己正当化

负罪感　负罪感　负罪感
负罪感　负罪感　　　负罪感

主张

"我没有错，我是对的"
"都怪你，都是你不好"

正当化

帮他擦拭。

但是，如果咖啡洒到了标着"非常重要"的文件或笔记上，或者洒到了笔记本电脑的键盘上，同事慌乱地收拾东西并告诉你"这份文件非常重要"或者"电脑没有反应了，该怎么办"，那么，此时你还能坦诚地说出那句"对不起"吗？

也许你反而会想说"哎呀，是你端着杯子碰到我的"或者"把咖啡放到这个地方本身就是你的不对吧"，不是吗？

对于轻微的负罪感来说，我们是能够说出"对不起"并真诚道歉的。

但是，当我们对自己所做的事情怀有的负罪感越大，就越容易变得无法承认错误，无法向别人低头谢罪。

也就是说，负罪感越强，就越容易让我们主张"我没有错，我是对的"，有时我们还会以"都怪你，都是你不好"的形式试图转嫁责任。

所以，越是这种拒不认错、主张自己正确的人，就越能说明他的心中怀有强烈的负罪感。

　　在你的身边，是不是也有这种总是主张"我是对的"、不承认自己的错误、无法说出"对不起"的人呢？

　　在和他们交往的时候，请以"其实他们心里怀着很强的负罪感"的认识来对待他们。

　　因为这样一来，你就可以或多或少地原谅他们了。

POINT：负罪感越强，就越会认为自己承认错误之后必须要进行相应的补偿和谢罪，因此更倾向于将自己的行为正当化，或者转嫁责任。越是负罪感强烈的人，就越难以做出认错的行为。

执念成为我们心中的枷锁

每个人心中都有千万种执念

譬如，一个人如果持有"不劳不得食"这种执念（也可以称为信念、自我规定），就会仅仅因为自己没有在工作而产生负罪感。

此外，持有"应该守时"这种执念的人，偶尔不小心迟到一次就会觉得自己好像做了什么非常糟糕的事一样；持有"应该带着笑容接待客人"这种执念的商店店员，在因为身体不舒服而没能带着笑容接待客人的时候，也会产生负罪感。

据说每个人的心中都有数千万种这样的执念。因为对自己而言，这些执念都被认为是"理所当然的事情"，所以我们反而很难意识到它们的存在。

譬如，有一位母亲认为"应该温柔地对待孩子"。做母亲的人当然也会有其他的事情要做，有时会因为养育孩子而感到非常疲惫，有时也会因为和丈夫吵了架而感到不快。但即使是在前面所说的各种情况下，如果她对孩子发了火，那么越是执念比较强的人，就越会产生沉重的负罪感，从而责备自己"是个不合格的母亲"。

从旁观者的角度来看，上述情况也许可以用一句"这也是没办法的事"来安慰自己，但持有这种强烈执念的人，是听不进去他人所说的话的。

在被他人责怪之前，先自己责怪自己

再比如，丈夫平时就一直被妻子唠叨："你平时花钱太没节制，拿多少都要花掉，这样我是很难操持家计的！"在这种情况下，丈夫心中就会产生负罪感，通过"钱需要计划着花，不能浪费"的执念，将自己束缚起来。

但在那之后的某一天，丈夫与后辈一起去喝酒，气氛一到，不由得放出豪言，掏钱请了客。

如此负罪感就会进一步累积起来。

"肯定又要惹老婆生气了，又会被她没完没了地唠叨一顿。话说回来，我怎么就做出掏钱请客这种事了呢？"在回家的电车上，丈夫就先开了一个自我反省会，在被妻子责怪之前，就开始不停地自己责怪自己了。

POINT：如果持有"必须要这样做""这件事不做不行"的执念，我们在做出与之相悖的行为时，就会产生强烈的负罪感，无法宽容地对待自己。

负罪感会使人际关系恶化

无法原谅自己，反而恼羞成怒，不承认错误

如同前文所述的那样，一旦做了自己认为"不能做"的事情，或是没能做到自己认为"必须做"的事情，我们就会产生负罪感，进而开始责备自己。

这样的执念就像将我们牢牢束缚住的锁链。

也正因如此，我们才无法说出宽慰自己的话，比如"养育孩子的过程中必然会有很大的压力，偶尔发个火也是没办法的事，过后向孩子好好道歉，并给他更多的爱就好了"，或者"后辈平时一直非常努力，犒劳他也是很重要的工作，而且他会为此感到很开心，今后也会更加努力，所以花这点小钱算什么"。换言之，你无法原谅自己。

并且，当我们因为负罪感而责怪自己的时候，也会

渐渐地倾向于把自己所做的事情正当化。

譬如，妻子心里会想："我没有任何错误！儿子不听我说的话，是他的不对！况且如果丈夫能够在育儿方面多帮助我一些，也不至于走到这个地步呀！有错的是我丈夫！"而回家之后听到妻子唠叨的丈夫反过来会用这样的话吵回去："和后辈的交流对我的工作有多重要，这种事你不明白吗！我这个做丈夫的在外面那么努力，你跟我怎么说话呢！我花的钱都是我自己挣的！"如此一来，通过这种正当化的行为，我们的负罪感还会进一步加深。这也是当然的事情。

从这样的执念之中产生的负罪感，会成为人际关系恶化的主要原因，导致夫妻感情出现裂痕，父母无法像以前一样爱自己的孩子。

POINT：从执念之中产生的负罪感，会将自己正当化，或者转嫁责任，从而让你和他人的关系出现裂痕，做出伤害身边人的行为。

不能完成母亲交代的事，都怪我不好

父母看起来不幸福，"都是因为我不好"

在孩子的眼中，父母就是"完美的存在"。

对孩子而言，父母能做到很多自己做不到的事情，身材也比自己高大，还懂得很多自己不知道的道理。所以，一旦父母冲孩子发脾气，孩子就会对"都是因为我不好"这种想法深信不疑。

譬如，把饭洒到了桌子上被父母训斥了，孩子会觉得都是自己做得不好。甚至连不会收拾东西，不会熟练地穿衣服，不能帮父母的忙，忘记父母让自己做的事情，也全都认为是自己不好。

所以，当孩子无法完成父母交代的事情时，心里就会产生负罪感，并开始责备自己。

长大以后，我们也许会知道父母生气的真正原因。"这种事对一个孩子来说做不到不是理所当然的嘛！""这难道不是因为父母当时心情不好吗？""父母对孩子要求太严格啦！"可孩子是无法在年幼时知道这些的。

"都是因为我自己不好，才会被父母训斥。"

"都怪我，妈妈才心情不好。"

"都是因为我不是好孩子，爸爸才打我的。"

面对生气的父母，孩子会这样理解这些事，并产生负罪感。

孩子天生就非常喜欢自己的父母，也非常喜欢看到他们露出笑脸。但同时，如果父母的表情有些阴沉，看起来并不幸福，孩子就会深信不疑地认为"都是因为我不好"。

这就是负罪感，也是因为喜欢才会产生的悲剧。

孩子一直在看着父母

曾有一位来访者向我讲述了这样一个故事。他所经营的公司业绩不振，继续这样下去就要面临破产了。夫妻二人每天都在讨论将来的事情。

当时他们的女儿才 5 岁。虽然夫妻二人都努力尽量不在孩子面前露出比较沉重的表情，但最后还是暴露了。

有一次，就在夫妻二人正讨论"这个月的钱还是不够花，再这样下去真的就糟糕了"的时候，女儿从卧室走了出来。

妻子问她："还没有睡着吗？"

女儿却回答："爸爸妈妈最近没什么精神，是因为我吗？是因为我在幼儿园不乖吗？是因为我没有听妈妈的话吗？对不起，我会听话做一个乖孩子的，你们要开心起来。"

作为丈夫的他听到女儿说的话无比震惊，就像被一柄大锤击中了头部一样。

"我居然让自己深爱的女儿产生了这样的想法……"

据他所说，从那之后他就坚定信念，为了重振公司，加倍努力投入到工作中去，最终成功地摆脱了倒闭的危机。

他的女儿看到父母阴沉、悲伤、不安的表情，就认为这都是因为自己不好。

这种事情，又岂止发生在他的女儿身上呢？

不！在我们的童年时代，这样的经历也绝不算少数。

因为我们很喜欢自己的父母，认同他们的价值观，所以在父母看起来不幸福的时候，就会感觉这都是因为自己不好。

POINT：当我们所爱之人看起来不幸福的时候，我们就会对"都是因为我不好"这种想法深信不疑，从而产生负罪感。成年以后，我们能够比较客观地看待事物，但在还无法做到这一点的童年时期，产生这种想法是理所当然的。

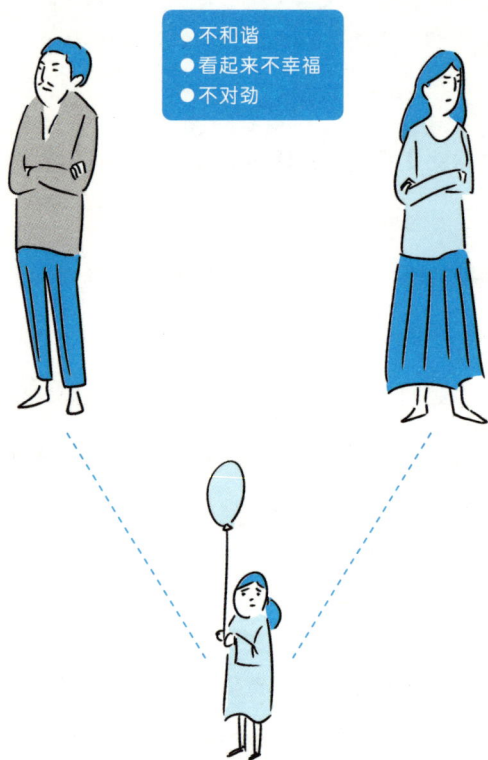

父母的不幸福会让孩子产生负罪感

● 不和谐
● 看起来不幸福
● 不对劲

都是因为我不好吗？

无法回应父母期待的我是坏孩子吗？

越是"好孩子"，越容易怀有负罪感

本节内容与上一节有些类似。

父母或多或少会对自己的孩子抱有一定的期待。比如，"希望你以后能够考上大学，变得幸福""希望你以后能够成为医生或者律师""希望你过得自由自在，活出自己的样子"或者"希望你能从事你所喜欢的职业"……

但还有很多比这些更具体细致的期待。比如，"希望你和身边的朋友关系融洽""希望你能好好听老师说的每一句话""希望你不要在学校闹出事来""希望你每天都能认真做作业""希望你能取得优异的成绩""希望你能帮到妈妈""希望你不要期待获得那么贵的圣诞礼物"……

这些期待（有时也是要求）真的太多了。

为了自己深爱的父母，孩子会很努力地试图回应他们的期待。

但是，想要实现所有的这些期待，终究还是不可能的事情。

如此一来，负罪感就会在心中产生。

"虽然妈妈告诉我要和朋友搞好关系，但我还是和他吵架了。"

"我把必须要做的作业给忘记了。"

"这次考试我没有取得好成绩。"

"妈妈工作那么辛苦，我却什么忙也帮不上。"

对大人来说，这都是一些不起眼的小事，但孩子却会因为它们而产生负罪感，甚至会觉得"无法回应父母期待的我是坏孩子"。

越是好孩子，就越倾向于努力回应父母的期待，而他们无法回应的期待也会相应地变得更多。因此，越是好孩子，就越会怀有更多的负罪感。

这些好孩子往往会在自己的心中创造出另一个"地下世界"。

POINT：为了让父母高兴，孩子会努力回应父母的期待。当然，他们无法回应所有的期待，因此会产生强烈的负罪感。

试图用"另一张面孔"处理生活的压力

"好人"背后的"地下世界"

这里所谓的"地下世界",是我个人提出的概念,代表"心中的另一个世界"。

孩子回应着父母的期待,作为一个好孩子长大,最后也会成为一个一般意义上的好人。

但就像前面所介绍的那样,越是好孩子,心中的负罪感就越强烈,很多情况下他们表露出来的态度其实是受心中强烈的自责驱使的。

也就是说,在"大家喜欢的好人"的背后,藏着"另一张面孔"。他们会逐渐习惯将日常世界中无法消除的压力转移到另一个世界,即"地下世界"。

我们时不时地会在电视上看到这样的新闻：衣着品味高雅的太太因为偷窃被捕，平时认真工作的员工贪污公司的公款挥霍在陪酒女身上。这也许同样是"地下世界"的所作所为。

不要再做这样的"好人"

一位来访者告诉我，她的丈夫在职场上是一位很好的人，即使是挑剔的上司对他也颇为赏识，没有任何人说他的不好。但他在公司之外的个人生活中，则表现出很强的赌瘾，一到发工资的日子，就会把所有的钱都花在小钢珠店[1]，还会从妻子的钱包里偷钱去玩。

另一位太太是一名医生，衣着也非常雅致，看上去气质很好，还在本地的妇联和学校的家长教师联合会担任要职。但在不为人知的背后，她与约会网站上认识的

---

[1]　小钢珠店在日本很常见，里面的游戏机以"小钢珠"作为代币，可以兑换奖品，带有赌博成分。

数个男人保持着性关系，并深陷其中无法自拔。

　　还有一名女士，从小就背负着父母的期待长大，也成功地回应了父母的期待，考上了一流大学，毕业后进入了一流企业就职。她在职场上同样取得了杰出的业绩，但从 25 岁起就开始酗酒，30 岁刚过就因为身体不适而不得不入院就诊。

　　由于在日常世界中需要维持好人的形象，人们的负罪感就会转化为压力。但这些压力无法在日常世界中得到有效处理，这时候想要去"地下世界"消除压力的想法就会萌生。

　　当然，发生在"地下世界"的赌博、性和酗酒，也处处伴随着负罪感。也就是说，企图通过这些手段消除压力的人，反而给自己增加了新的负罪感，陷入了一种恶性循环。

　　在咨询治疗中，我会建议这些人理解自己的处境，放下负罪感的同时，也不要再试图为了回应他人的期待而过度努力 —— 也就是说，不要再做这样的"好人"。我会建议他们原谅不完美的、弱小的，甚至一事无成的自己，像一个正常人一样，以自己原本的样子生活下去。这样，那些不得不隐藏起来让我们偷偷释放压力的环境也会随之改变。

POINT："好人"的心中会不断累积负罪感，为了消除它所带来的压力，"地下世界"的存在就非常有必要了。

有些人会把生活中的压力
拿到"地下世界"去处理

好人

地下世界

依赖症
（赌博成瘾、性成瘾、酒精成瘾等）
出轨、变心、贪污等

↑

"地下世界"也会产生负罪感

负罪感会成为"依恋"的黏着剂

"依恋"使你无法将他人从心中清除

我们和他人之间的界限消失，会导致我们无时无刻不在想着对方，这样的人际关系在心理学上被称为"依恋"。据说日本有很多"母子依恋"的情况，而且与存在问题的伴侣恋爱也会容易形成"依恋"。

进一步来讲，小时候"依恋"父母的人，往往更有可能在长大之后建立有"依恋"倾向的人际关系。

所谓"依恋"，在心理学中常用"通过黏着剂形成互相粘连的状态"来形容。比如，虽然你想要和喜欢的人一直在一起，但不管怎么说，上厕所的时候总不能也在一起吧？可是，当你形成了"依恋"的时候，就会出现大脑 24 小时一直想着对方，仿佛被附身了一样的心理状态。

如此一来，即使是自己特别喜欢的人，也会逐渐变得想要离开对方。

可是你们已经被名为"依恋"的黏着剂牢牢地粘在了一起，是无法轻易分开的。于是，如同用更大的力量撕开粘连一样，你们之间会爆发激烈的争吵，并造成恶言恶语、身体暴力、权力骚扰、精神骚扰等状况。

把母亲的事看作自己的事

以前有一位女士对我说过这样一件事情。

"最近身体不太好，就去医院看病。医生说需要进行检查，于是马上接受了检查，可从那之后精神就有些不太好……"

在我看来，她的身体是非常健康的。所以我问她："咦，是这样的吗？我看你很精神呀，是哪里不舒服吗？"她回答说："啊，不是，我说的是我母亲。我当然很好。"

一旦形成了"依恋"，你的大脑中就总是充满对方的事情。这位来访的女士就是在和母亲长期生活的过程中，变得总是考虑母亲的情况。结果就是，当她说母亲的事情的时候，仿佛是在说自己的事情。

与他人之间的界限消失

还有一位母亲在向我咨询的时候，讲述了这样的内容。

"我的女儿不久后就要高考了，但成绩完全不理想。每次模拟考试的前一天晚上我都会睡不着，对考试的结果感到非常不安。上次她考得特别差，我因为这件事好几天都卧床不起。"

在这位母亲的想法之中，仿佛不是女儿要参加高考，而是自己要参加。

一旦形成"依恋"关系，我们和他人之间的界限就会消失，进入共享情感的状态。因此，我们会将对方的

被负罪感束缚的关系

负罪感

伴侣或母子之间的"依恋"会让二人
关系中的界限消失，情感也会共享

事情看作自己的事情，同时也会因对方的情感产生强烈的反应。

也就是说，我们的一举一动都像受对方的摆布一样。

制造出这种"依恋"关系的情感之一，就是负罪感。

譬如，本节前面提到的那位女士，无时无刻不在担心自己的母亲。一旦发生任何事，她总会习惯性地产生这样的想法："这都是我的错吗？是不是因为我做了什么才会变成这样？"

那位母亲也一样，她会这样想："难道不是因为我脑子不好，女儿才不好好学习的吗？难道不是因为我的教育方法错了，女儿的分数才不理想的吗？"也就是说，她对自己的女儿产生了强烈的负罪感。

婚外情制造出的负罪感

接下来，我们将通过一个更容易理解的例子，来看看负罪感制造出"依恋"的过程。

下面是 A 女士和 B 先生的对话，他们正在发生婚外情。

A 女士："最近你都不联系我了，你想怎么样？"

B 先生："哎呀，我工作太忙了。而且咱俩的关系好像被我老婆发现了。"

A 女士："跟这有什么关系？你要再对我这么冷淡，我就去找你老婆告状了啊。"

B 先生："别这样，是我不好，以后我会多联系你的。"

我认为这种对话是很常见的。B 先生因为不希望自己的婚外情被妻子发现，所以会尽量哄 A 女士开心，答应她的各种要求。这样的话，无论是在工作中，还是在家里，他都会一直想着 A 女士："她应该没生气吧？今天下班回家的路上我好好地跟她联系过了，应该没事吧？"

原本就做出了出轨行为的 B 先生，无论是对妻子还是对 A 女士，都很容易怀有负罪感，但除此之外，如果 A 女士有与上述情况类似的发言，就会使 B 先生产生更多的负罪感。

如此一来，B 先生就会越来越难以将 A 女士从自己的大脑中清除，进而形成"依恋"的状态。A 女士也会因为一直担心 B 先生不再喜欢自己了，同样形成"依恋"的状态。

再之后，一开始很努力地去讨 A 女士开心的 B 先生，终于也渐渐累了。

也许有一天，他会对 A 女士发泄怒火："我也很拼命地在照顾你！我说你也差不多得了！"说不定，他还会进一步对 A 女士施加语言和身体上的暴力。

POINT：双方共享情感的"依恋"关系与负罪感有很紧密的联系。形成"依恋"关系的人会一直考虑对方的事情，好像一个人过着两个人的生活一样，压力也会加倍增长。

依赖症的背后也隐藏着负罪感

多种因素叠加产生的负罪感

如果把对人的心理依赖状态称为"依恋",那么当对象不是人而是物的时候,我们就把它称为"依赖症"。当然,即使到不了以正式的疾病名称来界定的程度,心理学上见到的对某种事物产生"依恋"的案例也同样非常之多。

酒精依赖、工作狂、赌博成性、恋爱脑、性瘾……虽然依赖症有诸多类型,但从心理学上来讲,都可以看作与对人的"依恋"几乎相同的现象。

当然,依赖症的产生背景比较复杂,除负罪感之外,它还会在压力、恐惧、不安等各种因素的叠加之中产生。

"这样一直赌下去也不是个办法。"嗜赌之人有时会这样想。

"赌博不仅给家里人带来了不少麻烦，搞得自己也精神不振。可我还是不由自主地想去，根本停不下来……"通常情况下，这些人还是会一边想着，一边继续走向小钢珠店。

虽然心里明白这些道理，但还是无法制止自己的行为，就像上瘾一样。我们可以将这种头脑明白、身体却戒不掉的状态称为某种依赖症，它与"麻痹"的心理也有关。

负罪感会令人麻痹

不仅仅是负罪感，世间所有的情感在持续不断的感受之下都会产生麻痹的效果，最终让人感受不到这些情感的存在。

负罪感也是这样。"一开始觉得这样做不好"，但当你一次又一次地重复了这些行为之后，就会认为"这样做应该也没关系吧"，进而将自己的行为正当化，逐渐变得从中感受不到负罪感。

一直怀有负罪感是很痛苦的。所以为了减轻痛苦，我们会将内心的这种情感麻痹，让自己不再能够感受到。

可问题是，所谓的麻痹只是让你无法感受（或者无法认知）到某种情感，并不会让它变得不存在。而且，我们是因为不愿意感受到某种情感才使它麻痹的，于是为了维持这种麻痹状态，我们需要持续给予自己更加强烈的刺激。

也就是说，通过给予更加强烈的刺激，我们得以继续维持这种麻痹状态。这也是我们会越来越沉迷于赌博的原因。

工作太拼无法顾及家庭，酗酒，与多个人维持恋爱关系，与伴侣之外的人发生性行为……

对于我们心中的"良知"而言，这些都是会产生负罪感的事情。

正因为知道这样做是不好的，我们才会被麻痹这些负罪感的必要性驱使，进一步沉沦。依赖症的深处，就潜藏着这样一种困境。

POINT：对物而不是对人的依恋，被称为"依赖症"。其中有强烈的负罪感存在。当我们持续感受某种情感时，就会变得麻痹。因此，我们会做出能产生更强烈的负罪感的行为，进一步提高我们的依赖度，陷入恶性循环。

过度"依恋"会导致亲密恐惧

"依恋"的各种表现形式

说到"依恋","母子依恋"是其中最有名的代表。此外，我们还经常能看到"父子依恋""恋人依恋""夫妻依恋"等形式。

而不忠或者混乱的恋爱关系，则尤其容易形成"依恋"。

如果一个人在幼年时期形成了对父母的"依恋"，就会变成所谓的"依恋体质"。这导致他长大之后会对恋人形成"依恋"，也会对工作形成"依恋"，以至于在各种场合都容易形成"依恋"。这种情况是很常见的。

另外，"母子依恋"这种情况的形成，往往是因为父母之间关系不融洽（导致母亲心里较为空虚），使母亲将原本应该指向丈夫（父亲）的情感投射到了孩子的身上。

进一步讲，如果母亲表现出"过度干涉""过度保护""爱操心"的特征，或者表现得"精神脆弱"，甚至"对孩子漠不关心，放任自流"，那么这些情况都会更容易形成"母子依恋"。

小时候的我们是无法认识到母亲过度干涉自己这个问题的，一般都会认为"世界上的母亲都是这样"，并坦然接受她的做法。但我们终归会感觉到自己和母亲的距离有些太近，当母亲出现情感上的歇斯底里，或对自己的各种行为进行干涉的时候，就会感受到压力。

这一点与本书第 69 页所介绍的"因为做不到母亲交代的事情而产生负罪感"有一定的联系。那些过度干涉、过度保护、爱操心的父母对孩子的要求也会特别多，孩子当然也会努力回应这些要求，但倘若无法满足所有的要求，他们就会产生负罪感。

当然，上述情况中的母亲也是一样，虽然表面上可能不容易看得出来，但她也会因为给孩子提出了太多要求而产生负罪感。母子双方都怀有负罪感，就会形成"依恋"。

"成年的我"疏远，"幼年的我"依恋

实际上，当孩子不听自己的话时就歇斯底里地发火，或者为了让孩子受自己的控制而煽动他们心里的负罪感，这样的母亲并不少见。由于孩子还没有独立的经济能力，因此从结果上来看，他们就会处于"受母亲支配"的境况之下。

如此一来，孩子就会变得无论做什么都要看母亲的脸色，只要母亲不点头，自己就什么都做不成。

但是，随着孩子的成长，这种"受支配的关系"（也就是"依恋"）也会逐渐变得难以维持。这就是我们所说的"叛逆期"的开始。青春期的孩子会试图通过反抗离开母亲，实现自我独立。

但此时母亲也会全力阻止孩子独立，并用挑刺、攻击、辩解等各种手段，把孩子继续困在自己的控制之下。因此，

在这个阶段，孩子之前的"依恋"程度越高，反抗也就会越激烈。

你是否也有过"想要快点离开这个家""必须自己找一份工作，变得独立起来"的想法呢？

此外，由于无法通过感性来与歇斯底里的母亲正面抗衡，有些人可能会变得非常理性，以严密的逻辑去面对母亲，试图驳倒她；还有些人可能会将母亲关闭在心门之外，无视她的一切。

可问题是，即使通过这些方式成功地实现了独立，母子之间的"依恋"也不会随之切断。

当青春期的孩子强行从母亲的支配之下独立出来时，其实他们的心理世界也会因此而被切割成两个部分。换句话说，他们的人格会分裂为理性的、身体上与母亲保持距离的"成年的我"，以及感性的、心理上仍然与母亲保持"依恋"关系的"幼年的我"。

一旦到了这个地步，自我矛盾的情况就会频繁地出现。

理性的声音（意识层面）会告诉孩子："我做什么

都已经与母亲没有关系了。我和她也保持着距离，不会再听她的话，不会再受她的影响了。"实际上，这些孩子的确能够在不考虑母亲的状态下生活。

然而，一旦孩子收到母亲的消息，他们心中就会出现躁动。如果母亲拜托（或者命令）孩子办一件事，他们虽然会感到不快，但仍有一种不照做就不行的感觉。

而且，即使心中理性的声音认为"无视她就好了"，但还是会感觉"不这么做就对不起母亲"或者"母亲也很可怜"，最终这些孩子会像幼年时期一样听从母亲的安排。

由于"亲密恐惧"而难以与他人拉近距离

这样的心理状态会催生所谓的"亲密恐惧"。

有些人认为亲密关系会产生"依恋"，因此无法与他人进一步拉近距离。

这种情况尤其对伴侣关系有显著的影响。虽然有喜欢的人，却无法向对方靠近，而一旦拉近距离就会想要

无法摆脱的"依恋"

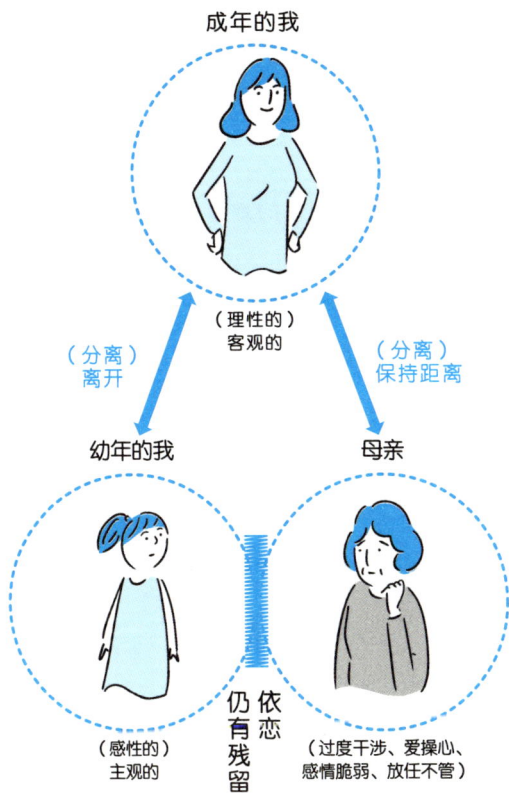

成年的我

（理性的）
客观的

（分离）
离开

（分离）
保持距离

幼年的我　　　　　　母亲

依恋
仍有残留

（感性的）
主观的

（过度干涉、爱操心、
感情脆弱、放任不管）

逃离。"我想靠近我喜欢的人，但我不能"，这就是"亲密恐惧"常常出现的问题。

这种对亲密关系的恐惧，我在提供心理咨询服务的过程中经常遇到。我认为这是现代社会中非常多见的一种现象。

这种心理最令人烦恼的地方在于，理性认知（意识层面）与感性认知（潜意识层面）之间会产生偏差。

为什么无法与伴侣亲密接触？为什么无法与他人拉近距离？为什么依赖给予自己强烈刺激的东西？我们之所以难以理解这些问题，正是因为"亲密恐惧"在作怪。

让情况更复杂的是，"成年的我"也有着成年人的感性，"幼年的我"也有着孩子的理性。

因此，即使母亲只是联系了一下你——

成年人的理性：这种事无视就好。

成年人的感性：呃，真郁闷，好讨厌啊。母亲真可怜。

孩子的理性：照妈妈所说的去做就对了！

孩子的感性：妈妈怎么了？出什么事了吗？好担心。

这些信息会在你的大脑中交织，使你的思维变得混乱。

虽然这里都是在用孩子与母亲的关系来举例,但还有很多类似的情况,比如"我虽然和渣男前男友分手了,但一直都忘不掉他""我有其他想做的工作,但现在的岗位让我感到很内疚,无法做到轻易换工作"等。

POINT:如果孩子与母亲形成了"依恋"关系,在青春期的独立意识觉醒的时候就会出现激烈的反抗。但是,如果强行独立的话,孩子反而会表现出自相矛盾的行为——虽然在理性上与父母保持距离,但在感性上还是会维持原有的"依恋"状态。

从自己的优点中也会产生负罪感

自己的优点没有发挥出来怎么办？

"善解人意""温柔""聪明""惹人喜爱""乐观开朗""漂亮""性感"……人们会拥有很多的优点。

无论你自己承认与否，你的身上都存在优点。而且就算你自己不承认，身边人也会发现。所以为了找到自身的优点，有时候我也会建议人们向身边人问一下："我身上有哪些优点？"

那么，不妨假设你的身上有某一个优点。如果这个优点在某个场合下没能够发挥出来，你的心中就会产生非常强烈的负罪感。

假设你的优点是"很会照顾人"。当公司里的后辈遇到麻烦的时候，你会马上发觉，并伸出援手："怎么了？

我来帮你吧。"不仅是这位后辈，你身边的其他人也因为你的这个优点而得到不少帮助。

但有一次，因为一些烦心事，你正在气头上。这时候你发现后辈的工作遇到了困难。要是平时的话，你一定会向他提供帮助，但因为当时正在生气，你心里想着"今天你还是自己想办法吧，如果总是认为可以请人帮忙，那可就打错算盘了"，所以就无视了他。后来在下班回家的路上，你突然想起了这个后辈。

"那孩子我放着不管他行吗？他没有遇到什么大麻烦吧？生气归生气，我当时还是应该问一下吧？"那一刻你所感受到的情感，就是负罪感。

如果你没有"很会照顾人"这个优点的话，恐怕就不会去想这些事了。正因为你拥有这样的优点，才会产生负罪感。

当然，实际上你完全没有必要这么做。你也是普通人，也会有生气的时候，也会有无暇顾及他人的时候。你并不能在所有时候都发挥出自己的这个优点，但负罪感却会趁机偷偷地潜入你的内心。

　　如此一来，当我们无法发挥自己的优点时，就会产生强烈的负罪感。

　　反过来说，如果你会因为某件事而产生负罪感，往往也可以从这件事中逆推出自己的优点和长处。所以，作为一名心理咨询师，在遇到因负罪感而烦恼的来访者的时候，我有时也会告诉他们："正因为你具有这样的优点，才无法对遇到麻烦的人视而不见。你越是会照顾人，就越容易因为这样的事情烦恼。"

POINT：温柔的人在没能够温柔待人的时候，就会产生负罪感。每个人都有各自的优点，但这些优点很多时候反而会成为产生负罪感的契机。

我无法爱上任何人，也不值得被人所爱

负罪感会将爱一同麻痹

我们会在"没能给予爱"（没能把自己的爱给予所爱之人）的时候产生最大的负罪感。

我们从出生开始就有着强烈的"想要爱"的欲望。可以说，人就是"为了爱"而生于世间的。

所以，当我们做出让喜欢的人受伤的言行时，就会产生强烈的负罪感并责备自己。即使仅仅是看到自己喜欢的人因为某些事情而痛苦的样子，我们也会产生负罪感，责备自己没能帮到对方。

并且，这样的负罪感越强烈，你对它的感觉就越会被麻痹，甚至无法感受到它。因为这是"没能给予爱"而导致的负罪感，所以我们在无法感受到负罪感的同时也会变得无法感受到爱。我时不时就会遇到"认为自己无法爱上任何人"或者"认为自己的爱很淡薄"的人，我推测这些人就是因为负罪感的麻痹，而导致自己对爱也产生了麻痹。

长大之后，很多记忆可能会逐渐消失。但不变的是，我们仍然非常喜欢自己的父母，对他们怀有很深的爱。因此，如果父母总是吵架，生活也不是很幸福的话，我们就会觉得仿佛是自己的责任一般，由此产生负罪感。这就是为什么所有的孩子都想要帮助父母，也都试图去帮助他们。但父母往往很难回应孩子的想法。同样，父母也深爱着自己的孩子，会因为没有能够给予孩子更好的爱，或是因为自己的情绪，而产生强烈的负罪感。

可以说，正因为我们互相爱着对方，心中才会产生负罪感。最终，怀有负罪感的双方形成了"依恋"关系，而这一过程前面已经向各位介绍过了。

越想要去爱人，就越无法爱人

本节所说的这种情况，从伴侣关系、朋友关系到职场中的人际关系，在各种各样的场合中都会出现。没有帮助到自己所爱之人而产生的负罪感，可能会让人想要去破坏这段关系，或者通过不再交任何朋友来惩罚自己。

另外，虽然没有上升到意识层面，但基于这样的负罪感，在职场或其他场合中建立起会让自己受伤的人际关系的情况也绝不罕见。这一点我将在下一节中为大家详细介绍，但请大家先记住，越是怀有强烈的爱和想要爱人的心，就越是会经历"没能给予爱"的失败，从而怀有负罪感，建立起并不幸福的人际关系。

POINT：我们都是"想要爱"的生物。正因如此，当我们未能去爱他人的时候，或者当所爱之人看起来不幸福的时候，我们就会产生负罪感。也可以说，任何让你产生负罪感的关系背后，都存在着无可置疑的爱。

负罪感的大小与爱的多少成正比

正因为爱得深，负罪感才会更强烈

比如，当孩子身上出了什么事情的时候，大多数母亲会想"都怪我……"，从而在心中产生负罪感。但这也是母亲深爱着自己孩子的表现。

再比如，当你与恋人挥泪分手的时候，可能会感到内疚，觉得"我做了这么过分的事，今后再也不应该获得幸福了"。这同样是因为你深爱着对方，不是吗？

我在听这些来访者讲述自己的经历的时候就会想，也许正因为他们爱得深，才会更容易产生强烈的负罪感。

也就是说，负罪感的大小与爱的多少成正比。

所以，如果我们对某人某事产生了强烈的负罪感，就可以认为在这种情感的背后，有着与它同样强烈的爱。

"我是无法让母亲露出笑容的人"

有位女士告诉我，她一直在谈着"无法获得幸福的恋爱"。我发现在她心里的某处，潜藏着"自己不应该获得幸福""自己没有幸福的资格"的执念，所以我决定探寻一下这种执念产生的缘由。

她向我讲述了幼年时期的经历。

她的父母经常吵架。父亲其实是个很善良的人，但心理比较脆弱，动不动就酗酒。一旦开始喝酒，父亲就会向母亲口出暴言，有时还会施加暴力。而她的母亲呢，原本也是一位很开朗的人，但性格非常倔强好胜，时常对丈夫的行为唠唠叨叨。每当这个时候，她的父亲就会勃然大怒，动手去打母亲。当时还是孩子的这位女士多次看到母亲在卫生间失声痛哭，感到十分心痛。

当她到了青春期的时候，父母吵架更是成了家常便饭，甚至有段时间她还努力想让父母离婚。原本开朗的母亲在家里也常常闷闷不乐，脸上阴郁的表情占据了大

爱与负罪感的关系

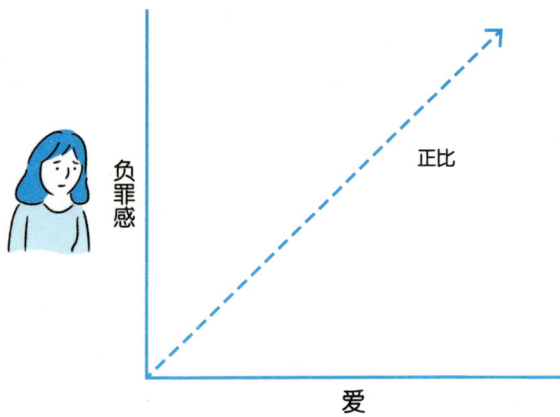

负罪感

正比

爱

多数的时间。

看到母亲这个样子，她感到十分无助。她开始责备自己："我帮不了父母，是个无法让母亲露出笑容的人。"

每当父母开始吵架的时候，她都会产生一种"我帮不上忙，起不到作用"的负罪感。

这段经历深深地刻在了她的潜意识之中，致使她产生了"我没有能力帮助父母，不应该获得幸福"的执念。

当然，这样的负罪感和无力感对她来说，并不是能够明确意识到的东西。但当我听她讲述的时候，我完全能够了解她有多么爱自己的父母，有多么想要去帮助他们。

没能帮到父母的这份负罪感，在让她拒绝获得幸福。

于是我向她提出了建议：不要去关注负罪感，而是去关注爱。

具体而言，我告诉她可以尝试着去做一些事情，比如努力让父母重修旧好，安慰哭泣的母亲，正面对抗施加暴力的父亲……虽然她可能没有办法成功地改善父母的关系，但这些行为毫无疑问都是出于她对父母的爱，是没有任何错误的。

　　我告诉她，只有她自己获得幸福，才能真正帮助到父母。

　　"想象一下，在洋溢着幸福的结婚现场，你挺起胸膛告诉大家：'我能够成长为现在的我，都是我父母的功劳！'你的父母会带着什么样的心情听你讲出这句话呢？他们是不是就能明白自己已经得到了女儿的原谅，并且你为作为他们的女儿而感到无比自豪呢？"

POINT：爱得越深，负罪感也就越强烈。通过不去关注负罪感，而是将注意力集中在潜藏于深处的爱，我们就能够原谅自己，并允许自己获得幸福。

逃避让怀有负罪感之人将自己孤立

"无法面对他人"，变得越来越孤独

在与他人相会的时候，越是怀有"自己是个坏人"这种想法的人，就越会感觉自己正在遭受对方的责备。

特别是面对那些温柔善良或者带着笑容接近自己的人，有时反而会产生一种恐惧的心理。

C先生原来是一个赌徒，经常出没于小钢珠店，以及赛马、赛艇之类的场地。一开始他只是用自己的零花钱玩玩，后米因为工作上的压力不断累积，投入赌博的金额也逐渐增加，最终引起了家人和周围人的注意。

他自己心里也知道这样做是不对的（也就是说，他

的的确确怀有负罪感），但因为除赌博之外，他找不到
其他消除压力的手段，所以就一边以"过段时间就停手"
来应付身边人的劝说，一边仍然继续出入小钢珠店。

亲友们的规劝之声也渐渐大了起来。他有时竟然会
在发薪水的日子就把全部工资拿去赌博，慢慢地给周围
的人也带来了一些麻烦。

于是，他开始与从前和自己关系很好的朋友们保持
距离。朋友们邀请他出去玩他会拒绝，给他打电话也不接。
虽然确实有"讨厌老是被他们劝说"的原因存在，但"我
做出这种事，实在没有脸去见他们"的想法也同样是事实。
也就是说，负罪感会不断地膨胀。

与此同时，他也开始与家人保持一定的距离。虽然
他还住在父母的家里，但一直试图避免去面对他们。

最后，他的女友也和他分开了。虽然他们之前已经
订婚，但在负罪感不断增强的过程中，他开始相信即使
女友与自己结婚也不会获得幸福，所以最终还是选择了
分手。

当 C 先生反应过来的时候，他已经是孤身一人了。

就这样,他因为自己的负罪感,不断切断与他人的联系。

负罪感会使人产生"无法面对他人""我对不起大家"之类的悲惨想法。

最终,由于不愿继续忍受这样的痛苦,也不愿继续承受这样的负罪感,我们就会逐渐与他人疏远,将自己孤立起来。

POINT:如果我们心中怀有负罪感的话,无论身边人怎么说、怎么做,我们都会将其理解为对自己言行的责怪,因而逐渐与他们保持距离,将自己孤立起来。

第二章

消除负罪感
并原谅自己的方法

也许一切问题都因我而起

总把问题怪在别人身上的"他人中心思维"

在为大家介绍原谅自己的方法之前，我想先讨论一个非常重要的话题，那就是"问题是由自己制造出来的"这种主体意识。

一般大家都会认为，"问题"这种东西都是从"外部"而来的。

所以，我们在叙述中都会采用"丈夫如何""公司如何""父母如何""钱如何"等他人或他物视角，认为问题出在自己以外的地方。既然是外部出现了问题，自己也就没有什么错，于是你会想要以"应该改变的是你"这样的方式去控制他人和环境。有时你还会将自己置于受害者的立场，把对方定性为加害者。

这种态度被称为"他人中心思维"。

从我们将叙述的主语设定为他人这一点可以看出，这是你将自己人生的主宰权交予他人的瞬间。

相反，"这是我自己的人生，我就是人生的主角"，这种掌握自己人生的思考方式被称为"自我中心思维"。

如果我们能够以"自我中心思维"生活，就可以使自己的态度变得积极，发挥主观能动性，按照自己的意识来行动。这种状态是非常自由且具有创造力的。它不受他人和周围环境的影响，无论何时都能表现出自己真实的样子。

但如果以"他人中心思维"生活的话，我们就会变得想要去责备和控制他人，并产生不安和痛苦的心理；同时出于自己什么都不用做的想法，我们反而会在某种程度上感到轻松。因此，我们经常会不由自主地走上"他人中心思维"的道路。

"要是公司能多帮助我一些就好了。"

"要是上司能更靠谱一些就好了。"

"要是丈夫能更上进一些就好了。"

"要是女友能更体贴一些就好了。"

当我们这样想的时候，就会认为"都是公司或上司不好，他们不改变的话是没有用的"，而我们自己不需要改变。

在这种情况下，我们需要意识到，制造出这些问题的不是别人，正是我们自己。这一点非常重要。我们需要把公司、上司、丈夫、女友看作"仅仅是为了让我们意识到自己存在问题的触发器"。

借助"自我中心思维"来接受自己的问题

假设你正面临"丈夫出轨，还借了一屁股债，居然还口出狂言要和我离婚"的状况。

这种情况下将自己看作受害者当然没有问题，但如果要用"自我中心思维"来解决这个问题的话，你需要抱着"这个问题与我丈夫无关，这是我自己的事情"的态度来理解它。

"他人中心思维"与"自我中心思维"的区别

【他人中心思维】

主角是他人

【自我中心思维】

主角是自己

"都怪他！"

"是我自己的问题"

根据思维方式的不同，态度和言行都会发生变化

这样一来，它值不值得成为一个问题，就完全取决于你自己了。

如果你"年收入一亿日元，还瞒着众人偷偷交了个小自己一轮的恩爱男友，正在秘密计划着离婚"，那么前面所说的丈夫的事情还会成为一个问题吗？不如说这简直是正中下怀，你高兴还来不及呢，不是吗？

但是，如果你始终觉得"我要深爱自己的丈夫，因为太爱了而不能离开他"，那就会产生很大的问题。

换言之，每种情况会不会成为问题，完全是"由我自己来决定的"。

比如，上司对你说："根本先生，你被开除了。这个月干完你就不用再来公司了。"

这个时候，如果你想到"我去年才申请了为期35年的贷款，2个儿子才上小学四年级和二年级，今后的教育投资和生活费用将是一笔大数目，而我自己没有特别拿手的技能，换工作或者独立创业也很难"，你就会把这件事看作很大的问题。

但如果你这么想，"我早就在等一个创业的机会，但一直下不了决心，拿不出勇气，这个时候我被裁掉了，说不定是老天爷推了我一把"，那么被公司裁员对你来说就不再是个问题，反而成了你的动力。

也就是说，你的丈夫和公司出现的这些情况都可以成为一个契机，或者被解释为一种善意的提醒，让你意识到自己存在的问题。更进一步说，通过克服这些问题，你会获得更多的成长，变得更有魅力，并开始过上属于自己的人生，因此你甚至可以将它们看作"帮助自己的存在"。

当然，你可能无法立刻接受这样的事实，但至少可以明白"把这些事情作为问题去看待的是我们自己"。

这些事情为什么会成为你心中的问题？深挖这一点正是心理咨询师的工作。在这个过程中，我们经常会发现负罪感的存在。

POINT：每当出现问题的时候，通过将我们的心态从习惯归因于外部的"他人中心思维"切换到把它作为自己的问题去看待的"自我中心思维"，我们就可以主动地面对这些问题，并用创新的方式解决它们。

尝试以"自我中心思维"去生活

不要将问题的解决权交给他人

关于"自我中心思维"和"他人中心思维"，我们将在本节更具体地进行讲解。

如果你的生活以他人为中心，当出现问题的时候，你就会以"我没有错，是他不好"来进行解释，并将问题的解决权交给对方。如果对方碰巧能够解决这个问题那倒也还好，但如果对方解决不了，你就只能干等着了。在这个过程中，你会一边生气，一边无奈地受制于对方的一言一行。

譬如，我经常遇到这样的情况，来访者对我说："我丈夫出轨了。因为是他犯了错误，所以我认为他应该和那个人完全断绝关系，向我道歉，弥补自己的过错。"

从法律、社会和伦理的角度上来讲，事情确实应该如妻子所述的那样处理，但实际情况是，只要她采取这种态度，问题就很难得到解决。

而且就算丈夫做出了反省，和出轨对象分开，回到了妻子的身边，她也会不安地想："他会不会又出轨呢？会不会再次背叛我呢？"于是，妻子开始监视丈夫，为了将他牢牢地拴在自己身边而投入巨大的精力。

这样的情况真的可以看作问题得到解决了吗？

所谓"自我中心思维"的生活方式，就是以主动的方式来看待问题。比如，在上述案例中，妻子可以想："我为什么会认为现在有必要解决丈夫出轨的问题呢？再说了，我为什么会让丈夫出轨呢？"

通过这种看待问题的方式，我们可以回过头来审视自我。

"我是不是没有对丈夫的爱给予回应？"

"我是不是过于傲慢地认为丈夫不可能出轨，因而没有做到身为妻子该做的事？"

"我是不是把丈夫当作父母一样在依靠，没有考虑他的心情呢？"

"我是不是一直都在向他发泄自己的情感，给他增加了精神上的负担呢？"

"我是不是一直都只考虑自己被他爱着，而没有去爱他呢？"

通过这种审视自己是否出现了某些问题的方式，我们得以主动地面对这些情况。

对等看待所有问题，而非一切都怪自己

实际上，在我提供心理咨询服务的过程中，每当有人向我咨询这样的问题时，我都会在听完对方的讲述之后，让对方思考一下"丈夫不得不出轨的情况"。

当然，我并不是在说"这都是妻子不好"。有句俗话说得好："一个巴掌拍不响。"我会站在双方责任对等的角度来分析所有的问题。我认为，丈夫当然有错，但妻子一方应该也有一些问题，才导致了现在的状况。

责备自己并不是"自我中心思维"的生活方式

都怪我

✕

我身上
也有原因

○

自我中心思维

我们需要把所面临的问题当作交给
自己的课题来看待，并思考该如何解决它

"丈夫出轨是因为我太过依赖他了吗？"像这样将一切归因于自己的思考方式，会让妻子产生负罪感，致使她开始强烈地责备自己。

这样的话，反而会造成相反的效果。

我会向来访者介绍这种以自我为中心的思考方式：将所面临的问题看作可以让自己成长，让二人的关系进一步变得更好的课题。

关于如何建立"自我中心思维"，我在《当你为他人工作得太累时要读的书》（大和书局）及《高敏感的你可以当好人，但不要受制于人》（森林出版社）这两本书中已有详细讲述，此处为大家介绍几种简单的方法。

1. "我是我，别人是别人"，与对方明确划清界限

将你想要对其建立"自我中心思维"的人放进这个句式里，一遍一遍地说出这个宣言，比如"我是我，丈夫是丈夫"。（这种方法又被称为"肯定暗示"，参照本书第 145 页。）

2. 用"我是""我要"的句式，明确讲述的主语

当你采用"他人中心思维"的时候，讲述的主语会变为他人。此时请使用"我是""我要"等句式，有意识地将自己作为主语来对话和思考。比如，"我现在想吃巧克力""我现在很伤心""我马上要去买东西"。将平时不会意识到的主语明确地表达出来，更容易帮助我们建立起"自我中心思维"。

3. 做自己力所能及的事

找出自己力所能及的事，并付诸行动。实际上，这件事并不需要特别复杂，即使是像拍手、唱歌、洗碗、涂鸦、泡茶等简单的日常小事也没有关系。

如果你每天都能有意识地把这些力所能及的事付诸行动的话，就可以将注意力转向自己，建立起"自我中心思维"。

4. 多多夸奖自己

这一点与提升自我肯定感的方法是共通的，我们要有意识地夸奖自己。

我建议写一本"夸奖日记"。每天记录 5 件可以夸奖自己的日常小事，无论是什么内容都可以。这样持之以恒地创作"夸奖日记"的话，我们就会逐渐变得喜欢自己，笑容也会增加，从而建立起"自我中心思维"。

5. 分清"能做到的事"与"不能做到的事"

"这些事对我来说能做得到吗？"有时我们的心中会产生这样的疑问。"他人中心思维"使你将对方置于自己意识的中心，因此你会承担对方的责任，并想办法解决他的问题。当然，这在很多情况下也是一种出于负罪感的补偿行为。

"我不管做什么都无法抚慰他的感受，这是我无能为力的事情。"

"要高考的是女儿，除了为她加油鼓劲之外，我什么都做不了。"

通过将自己"能做到的事"和"不能做到的事"清楚地区分开，我们可以将意识转向自身，从而建立起"自我中心思维"。

　　此外，还有很多其他的方法。找到一种自己能够做到的方法，每天都持之以恒地实践，这是快速建立"自我中心思维"的秘诀。

POINT：所有的问题都是责任对等的，不能将其简单地归罪于任何一方，这是一种比较积极的对待这些问题的态度。为此，我们需要建立起"自我中心思维"，而最重要的是形成"我是""我要"的意识。

客观看待问题，而非责备自己

无法将自己从负罪感中解放出来的思考方式

我在前文已经向大家介绍过，一出现问题就会想"这都是我的错"是一种负罪感存在的证据。这其实表明，原本就存在于你心中的负罪感因为某个问题的出现而浮出了水面。因此，通过消除负罪感，这个问题也会变得更容易得到解决。

但必须注意的是，我们没有必要将问题看作"自己的错"，从而背负上"我不好""我必须要做些什么"的包袱。

责怪自己（"都怪我"）和以"自我中心思维"看待事物（"也有我自己的原因"），是完全不一样的思考方式。

　　一旦我们陷入被负罪感支配的状态，就会以"都是我不好""都怪我"的方式去责怪自己。不仅如此，即使身边的人都原谅了你，负罪感也会促使你继续责怪自己，认为"哪有这么好的事，我做出这种事怎么可能得到原谅"。所以，无论到什么时候，我们都无法将自己从负罪感中解放出来。

负罪感会巧妙地攻击我们

　　以"自我中心思维"看待事物，就是不为负罪感所拘，客观地看待自己。

　　也就是说，不要责备自己。

　　但在这个时候，负罪感就会巧妙地策划对你的攻击。其手段之一，就是来自他人的"都是你不好""都怪你"之类的指责。

　　对于自己身上也有原因这一点，如果我们受负罪感的驱使，把它说成全都是自己的责任的话，就会很容易落入负罪感的魔爪。

另外，就算你说"不对！这并不能都怪我！只是有一部分原因在我身上而已"，对方也并不会理解，反而可能会更加生气，认为"你自己做了坏事，为什么要将错就错"。

这个时候最好的解决办法就是诚恳地表达歉意，但不要因为负罪感而责备自己。这才是以"自我中心思维"面对问题的态度。

大家可能会认为，这里需要一些相当微妙的把控。不过，如果我们能够以自我为中心地生活，就能够真正在自己身上践行"恨其罪而不恨其人"这句话了。

POINT：当出现问题的时候，不必因为负罪感而用"都是我不好"来责备自己。如果你能够以自我为中心地思考，可以试着想一下："是因为我才产生了这个问题吗？"这样你就可以不再否定自己，而是积极地面对问题。

治愈负罪感等同于自我原谅

如果不能自我原谅，就无法解决任何问题

当我们以某件事为契机产生了负罪感的时候，一般都会因为这件事而责备自己；如果伤害到了其他人，我们也会选择去做一些可以补偿的行为。

但如果这件事并非因你对他人的恶意而起，只是一个不小心造成的失误的话，那么你是否应该受到如此严重的指控呢？

再者，如果你因为负罪感而责备自己，不断做出补偿行为，那么就算对方表示"没事了，我原谅你"，你也无法放过自己。如同前面所说的那样，如果你不能自我原谅的话，就还是会继续责备自己。

即使来自对方的谅解能够多少减轻你的负罪感，也

并不意味着它可以解决所有的问题。

这时候，如果你仍然继续"责备自己，不停地伤害自己"，就算对方已经原谅了你，也无济于事。

因为你一点都不幸福。

"自我原谅"这一点，比任何事情都重要。

也就是说，治愈负罪感与自我原谅是完全同义的。

POINT：就算已经得到了他人的原谅，如果你自己无法接受这一点，还是因为负罪感而不断责备自己的话，那么现实是不会发生改变的。实现自我原谅，就可以治愈负罪感。

用"现在的我就是这样"接纳自己

不要再说伤害自己的话

我们如果被负罪感所束缚，就会将自己看作"恶人"，开始进行自我惩罚。

在心理咨询中，我经常会对来访者这么说："如果你把对自己说的这些话对着他人讲一遍，会变成什么样子呢？恐怕至少也是损害他人名誉，搞不好还算得上人身攻击吧！"对此，大家心里有没有想到什么呢？

别人犯了错误，我们会温柔地安慰："没事，没关系。"可对我们自己，却总是说："你搞什么！真是无能！你知道给多少人添了麻烦吗？蠢货！"

不，我们对自己说的那些话，可比这要刻薄多了，不是吗？

当我们心中怀有负罪感的时候，对自己的责骂就会越来越重。一个看起来很温和的人，心中却对自己恶言恶语，这种情况也并不少见。由于他人一般无法看到我们的内心世界，就算我们在这个世界做出一些近乎虐待自己的行为，也不会被他人发觉。所以，我们才能够毫无顾忌地责怪自己。

只有停止责备自己，不要再说伤害自己的话，我们才可以做到原谅自己。

用"现在的我就是这样"来肯定自己

然而，虽然让大家不再说出伤害自己的话的想法是好的，但这毕竟是多年的行为习惯，一下子也很难停下来。更重要的是，"想停却停不下来"反而会成为新的责备自己的事由。

这个时候，建议大家以一种自我肯定的方式对自己说："现在的我就是这样。"

譬如，当你工作中出现了失误，想要责怪自己的时候，就可以试着以"现在的我就是这样，没办法嘛"的方式来接受不完美的自己。当然，不带真情实感也没关系。哪怕是像照着剧本念台词一样对自己说这句话，也没有关系。

当你心中产生负罪感，即将责怪自己的时候，只需要嘀咕一句"现在的我就是这样"就好（心里想也行）。这个做法与"原谅现在的自己"紧密相关。

要像对待朋友和后辈一样对待自己

前面讲过，我们能够很容易地对他人说出"没关系"。这一点也可以活用，转化为自我原谅的简单练习，即"将我们对他人说的话对自己说出来"。

换句话说，"要像对待朋友和后辈一样对待自己"。

譬如，当你犯了某个错误，感到内疚而想要责怪自己的时候，请及时踩下刹车，想一想："如果犯这个错误的是我的朋友或者后辈，我会对他们说什么？"

如果你认为自己会对他们说"没事，没关系"的话，就把这些话原封不动地说给自己听。

这种方法不会起到立竿见影的作用。一开始你可能会很生涩，暂时还无法坦然接受这样的做法。但没有关系，只要在想起来的时候记得用上几次，你就会切实地感受到："咦？心里轻松了不少呢！"

POINT：养成对自己说"现在的我就是这样"这句话的习惯，或者像对待朋友和后辈一样对待自己。通过这些做法，我们就能够改变总是因为负罪感而责备自己的习惯。

轻松驾驭名为"自我"的这辆车

提升自我肯定感，观察自己的内心

一直以来你都是如何对待自己的呢？

有没有像开着一辆不太顺手的车一样对待自己呢？

我们身上有一些无法用情感来控制的东西。"今天得努力工作，但我总是没有干劲。""这时候应该温柔地对待他，我却向他发火了。""他都对我这么好了，我应该感谢他，但总是想要更多的爱。"这些纠结会一直存在于我们的心中。

负罪感也会偷偷地潜入这些地方，让我们产生"没有努力真是对不起""向你发火真是对不起""生气了真是对不起"等想法，以致很容易走上责备自己的道路。

所谓的"自我肯定感"，具体而言就是以"现在的我就是这样"的方式来接纳自己（参照第 137 页），而这也正是"轻松驾驭名为'自我'的这辆车"的不二法门。

我们的情绪会像波浪一样不断重复着高低起伏，既有高昂的时候，当然也有低沉的时候。

据说女性在情绪上的波动性比男性高 5~10 倍，因此更容易受到情绪波动的影响。而我们往往被"情绪应该受自己控制"的观念所支配，每当自己的情绪不受控制的时候，我们就会对自己产生强烈的否定评价。

但是非常遗憾，情绪波动根本无法在意识层面受我们控制。因此，我们才需要通过提升自我肯定感，让自己变得像一名冲浪选手一样，熟练地在情绪的大潮中乘风破浪。

这就是为什么我在心理咨询中经常向来访者提出这样的建议 ——"请想象自己就像一名熟练的冲浪选手一样乘风破浪"。

为此，我们需要像冲浪选手一边划水、一边观察海浪一样，客观地观察自己现在的情绪状态，在接纳它的同时，努力不被海浪吞噬。

熟练地在情绪的大潮中乘风破浪

这样的自己也 OK！

更进一步地说，我建议大家试着"像观看直播一样"观察自己的内心。

"没能做出令客户满意的提案，我感到很不甘心，也很抱歉，觉得这样能力不足的自己真的很丢脸。我开始担心这样下去说不定还会失去这个客户。我感到非常不安，又很害怕向上司汇报这件事。虽然我已经靠自己的努力给出了一个解决方案，但当上司问我是否需要帮助的时候，我要是诚恳地向他请教一下就好了。我真的很后悔！而且我现在还要向他汇报，感觉心情更沉重了。"

像这样，通过客观地看待自己的心情，我们不仅可以避免自己被情绪的浪潮吞噬，同时也能够缓和否定自己、给自己挑刺的冲动。

话虽如此，我们似乎很难做到一直客观地观察自己的情绪，尤其是在巨大的海浪袭击而来的时候。

因此，我们只需要在能做到的情况下，像这样观察自己的内心，与自己友好相处（变得能够熟练掌控自己的情绪）即可。

尤其考虑到负罪感会立刻制造出自我否定的想法，如果我们能够学会这种观察自己情绪的方法，就可以避免做出伤害自己的行为了。

POINT：我们都是很容易被情绪左右的生物，而情绪是无法被理性控制的。通过客观地审视这些情绪，我们就可以熟练地驾驭名为"自我"的这辆车。

宣告自己无罪

将肯定自己的话传达到潜意识之中

在这里，我为大家介绍一种治愈负罪感并原谅自己的简单方法 —— 肯定暗示。

肯定暗示，在英语中被称作"affirmation"，是指将某件事一遍一遍地讲出来，使其渐渐地渗透到我们的潜意识之中发挥效果的方法。这种方法同样没有立竿见影的效果，但如果你能够像给播种在土壤里的种子浇水一样，一步一步地做下去，那么种子终有一天会发芽，开出绚丽的花朵。

此处为大家介绍的肯定暗示又被称为"无罪宣言"，迄今为止，我已经让很多来访者尝试过这一方法。负罪感越强的人，就越容易在刚开始的时候产生强烈的抗拒

心理，有时甚至会为此流下泪水；但当他们多次重复说出
这一宣言之后，心情往往就会不可思议地平静、安定下来。

《无罪宣言》

我会原谅我自己。

我无罪。

我的罪恶已经全部被原谅。

我可以打开牢房的门，自由地在天空中飞翔。

我爱我自己。

我已无罪。

一旦怀有负罪感，我们就会变得无法原谅自己。

然后，我们会单方面地背负上罪恶，将自己关进心牢，
不断惩罚自己。

也就是说，我们会将自己推向不自由的状态。

而肯定暗示可以将我们从心牢中解放出来，给予自
己在天空中振翅翱翔的自由。

《无罪宣言》要不带感情地说出来

负罪感越强的人，越容易在"我无罪"这句话上卡壳。但实际上，我建议大家尽可能风轻云淡、不带感情地说出来（就像念咒语或者读佛经一样）。

也许有人会想要带着充沛的感情去读，但如果这样做的话，你的情绪（尤其是负罪感）就会容易产生波动，从而激起内心的反抗。结果，你越是给自己做肯定暗示，就越是痛苦。

在我的负罪感研讨会上，有一位听众刚开始的时候完全无法说出这段《无罪宣言》。这么多年以来，她一直在用负罪感伤害着自己，因而对这段宣告自己无罪的话产生了强烈的反抗。当时，她的眼中不断地涌出泪水。

然而，即使是这样的她，也在一步一步、踏踏实实地做着对自己的肯定暗示。

数周后……

"不知怎么回事，我最近感觉身体轻盈了不少，好像肩膀上的重担减轻了一样，真的感觉特别轻松。我太吃惊了。而且不经意间，我几乎完全不再责备自己了。每当我想要去责备自己的时候，'我无罪'这句话就会突然出现在脑海里，及时阻止我这样做。"

她向我反馈的时候，眼睛里闪着光芒。

与研讨会上见到的她相比，现在的她更有精神，看起来就像"摆脱了附在她身上的幽灵"一样。

POINT：持续进行"我无罪"这样简单的肯定暗示，会将我们从负罪感中解放出来，使我们不再责备自己，从而让心情变得轻松。

每天写一封感谢信

优等生的负罪感导致夫妻关系出现裂痕

当我们因为强烈的负罪感而责备自己的时候，不仅会产生"对不起""很抱歉"这样的想法，还会难以说出"谢谢你"这样表达感谢的话语。

接下来向大家介绍一位男士的例子。

这位男士工作非常努力，也取得了很大的成就，在职场上受到高度评价，可以说是一位前途无量的金融从业者。但他会将工作中的压力发泄在家人身上，一喝醉酒就虐待自己的妻子，这种事已经发生过很多次了。一次，妻子对他声明，她正在"考虑与他离婚"。这位男士不知道该怎么做才好，就找到我进行了心理咨询。

据这位男士所说，他从小就是个优等生，考上了名牌大学，后来进入了一家大型金融公司工作。但同时，他一直都在抹杀真正的自己，扮演着一个"好孩子"；也就是说，他此前的人生一直都在回应他人的期待中度过。我对他的第一印象也是一位气质沉稳、言行温和、思维敏捷的商界精英。如果不去细问，我根本不敢相信他有酗酒的习惯。一开始他也在扮演着一个好丈夫的角色，但随着工作上不断取得成果，他的地位越来越高，责任也越来越大，压力因此而陡增。于是，他开始借酒浇愁。而且火上浇油的是，由于他的工作性质，这位男士有不少的应酬，有段时间甚至每天都必须喝上几杯才能过得去。

不知从何时开始，他逐渐向妻子吐露不满，进而变得口不择言。也就是在那时，妻子向他提出了离婚。

走上原谅自己、修复关系之路

这位男士是个聪明人，他清楚地知道自己的状况，也明白自己对妻子和孩子们怀有巨大的负罪感。他问我：

"我做出了让妻子提出离婚的事情，深深地伤害了她和孩子们，我应该如何去赎罪呢？"

他已经戒了酒，向家人道了歉，并且以"我再也不会喝酒"的条件得到了原谅。但当他冷静地回头思考自己的所作所为时，负罪感却不减反增。

他的倾诉如同忏悔，而我也怀着神父般的心情聆听了他的诉说。面对他提出的"今后该如何是好"的问题，我建议他"试着原谅自己"。我说："试着消除你的负罪感，原谅自己，再一次找回你与妻子和孩子们之间的爱。"

我这么说的原因是，我认为他现在仍然深爱着自己的家人，因此才会对自己的所作所为怀有负罪感，甚至认为只要能保护家人，即使需要离婚他也可以答应。

将感谢写在信中，从而获得解放

于是，我给这位男士布置了一项作业：每天给别人写一封感谢信。

负罪感是一种让人想要去惩罚自己的情感，所以即使他能够对妻子和孩子们说出"对不起"，也很难对他们说出"谢谢"。因为负罪感会让他认为自己没有表达感谢的资格。

所以，我希望他使用写信的方式来表达自己的感谢。对妻子和孩子们的感谢自不必说，此外，我还建议他把对父母、学生时代的恩师、职场中帮助过自己的同事乃至当天想起来的任何其他人的感谢写在信中。他苦笑着说："就像抄写经文一样。"这倒也没错。

这项每天写一封感谢信的作业，他认真地做了两个月。

一天，他带着与上次完全不同的表情再度到访我的咨询室，眼中闪着光地向我报告："多亏了您的方法，我与妻子的关系变得比以前还要好。工作中的人际关系也顺畅到令人吃惊的程度，从客户那边也经常得到比以前更让我开心的消息！"

在最开始的几天里，他选择把感谢信写给妻子。回忆着从相遇到现在的事情，他百感交集，心中充满了感激之情，眼里涌出了滚烫的泪水。但与此同时，负罪感也得到了进一步增强，他为内疚和悔恨所折磨。给孩子们写信的时候也是一样，他一度怀疑这项作业是不是起到了反效果。但即便如此，他还是选择了相信我。而当他开始给过去指导过自己的上司、帮助过自己的客户等工作中的朋友写信时，变化一点一点发生了。

首先，他感受到的是身体变得轻盈。另外，脸上的笑容也多了起来，连他自己都能意识到这一点。过了两周之后，后辈开始问他："最近是不是有什么好事发生？"长年合作的客户也对他说："你最近状态很好嘛，是不是业绩上升了不少？"

他也发现了自己身上的变化。在与工作伙伴交流的时候，他感觉与以前相比一下子轻松了好多。虽然之前也不是小心翼翼地字斟句酌，但现在感觉完全不一样了，他觉得自己处于一种愿意打开心扉坦诚交流的状态。

工作中的交流有时候会掺杂很多的"算计"。比如，减少对自己不利的发言，为了让自己的意见被大家接受而采取各种话术，为了给对方留下好印象而装出一副笑脸，发出爽朗的笑声，诸如此类的情况不胜枚举。但现在的他即使不这样做，也能够自然地露出笑容，不在乎得失地与他人进行交谈了。

就在他意识到自己在职场上的变化后不久，他与妻子的关系也突飞猛进。

在此之前，虽然他的确将自己的感谢写在了信纸上，但一直没有交给妻子，而是收在了自己房间的抽屉之中。当差不多写到十几封的时候，他突然产生了"想把这一封感谢信交给她"的念头，于是下定决心将它装进信封，交给了妻子。

感谢是治愈负罪感的良方

妻子读着他写给自己的那封信，流下了热泪。而他看着妻子，不知为何产生了"感觉自己已经真正地得到了她的原谅"的想法。妻子擦干泪水，只说了一句"谢谢你"，就走回了自己的卧室。

第二天，在他要去上班的时候，妻子交给他一张小便条，嘱咐他"不要现在打开看"。到了站台等车的时候，他打开了便条，看到上面写着这样几句话："我完全原谅你。在这一两个月的时间里，你真的改变了很多。我能做你的妻子真的很开心。今后也请多多关照。"

他眼眶中噙着泪水，冲进了车站的卫生间。电车已经过去了好几趟，虽然上班还是迟到了，但那是他最幸福的一天。就像卸下了重担一样，他感觉自己的身体几乎轻盈到要飞起来。

顺便说一下，他在第二次来咨询的前一天突然想到一件事，于是给此前从未感谢过的人写了一封感谢信。收信人不是别人，正是他自己。而这份感谢之情，自然而然地扩展到了生养他的父母、一起长大的兄弟、他最爱的妻子和孩子们乃至迄今为止遇到的所有人身上。

如果一个人能够成功地做到治愈负罪感，并原谅自己，那么他的心里就会切实感受到"我能够做自己真是太棒了"。不需要我去多说，这位男士就意识到了这一点，才能够写下这封给自己的感谢信。

　　就这样，他从负罪感中解放了出来，不仅家庭关系得到了修复，而且工作上的人际交往也好转了起来。换句话说，负罪感曾经对他的人际关系造成了如此严重的影响。

　　我认为，感谢是治愈负罪感的方法中最具效果的一种。

　　感谢所拥有的能量可以净化负罪感，并将我们与背后的爱直接连接起来。

　　也就是说，感谢和爱是完全等同的。

　　如果你也想放下自己的负罪感，那么试着想一想对自己而言重要的人，向他们表达自己的感谢之情吧。当你有了这样的想法之后，就请写一封信给对方。这样一来，上述故事中这位男士的心情，你也一定能感受得到。

> POINT：负罪感可以通过感谢来治愈，而且效果非常明显。通过给每个与自己接触过的人写感谢信，我们能够摆脱负罪感的束缚，从而使人际关系和生活轨迹发生翻天覆地的变化。

谁是全心全意爱你的人？

以爱之名，与负罪感道别

本书第 106 页为大家介绍了"负罪感的大小与爱的多少成正比"。放下负罪感并原谅自己的最有效的方法，就是将它与爱进行连接（前文提到的"感谢"便是这样一种方法）。

从本节开始，我们将继续介绍通过爱来治愈负罪感的方法，并认真回答这三个重要的问题——谁是全心全意爱你的人？谁会为你的幸福而感到高兴？你是为了谁而努力到现在的？这既是写感谢信的方法能够成立的基础，同时也会让我们的心中充满爱，从而净化负罪感。让我们一边回顾自己的人生，一边与负罪感道别吧！

回想起别人倾注在自己身上的爱

没有爱，我们就无法生存。

我们能够像现在这样活着，就表示我们在被人爱着。迄今为止，在我见到的所有来访者之中，确实有人正过着让我耳不忍闻的悲苦人生。但即使在这样的人生之中，也存在着为他点亮一盏灯的人。

来访者中有这样一位男士，他父母的关系不太好，每次见面都争吵不休。父亲常常喝酒，一喝醉就耍酒疯，而且没有任何收入。母亲则有一些情绪上的不稳定，总是说一些难听的话，时常抱怨各种事情，一旦在外面有了别的男人，就好几天不回家。

他虽然是独生子，但在成长的过程中甚至连饭都吃不好。就在这个时候，他的小学老师拯救了他。老师经常鼓励他，有时会把他带回自己家里吃饭，休息日也陪他一起度过。到了运动会和远足的时候，老师的母亲还会特意为他多做一份便当。老师对他说："你要努力学习，这样前路才会变得宽广。"所以他拼命地学习，最后成了一名医生。鉴于自己童年时的痛苦经历，他做了儿科医生，开始用自己的力量拯救孩子们。

还有一位女士，父母在她很小的时候就离婚了，她由母亲抚养大。她经常从母亲和外婆那里听到父亲的坏话，但母亲和外婆关系也不好，每天都在吵架。二人有时也会迁怒于她，对她说很难听的话，因此年幼的她终日以泪洗面。这时拯救她的人是住在东京的阿姨。

阿姨每次回老家，都会温柔地对待她，并夸她"这孩子真可爱"。即使在东京的时候也总是记挂着她，时不时地给她打电话。她说，正是因为这位阿姨的存在，自己才能活到现在。而被阿姨爱着的她，后来选择去东京工作，现在与一位温柔的男士组成了幸福的家庭。

我认为，我的工作就是从这些来访者的人生中发现爱。除了为大家介绍的这几位之外，我还与很多过着悲惨生活的人有过接触，但无一例外，他们的人生中都存在着爱。有时候我会认为，从他们的人生中发现爱，正是我工作的内容。

亲爱的读者朋友，请你也回顾一下自己的人生。

一直爱着你的人是谁呢？

这个人可能是你的父母、祖父母和外祖父母；也可能是舅舅、姑姑、学校的老师、俱乐部的前辈，以及工作中的上司和同事；当然，还可能是你现在或者过去的伴侣。有孩子的读者朋友，记得算上自己的孩子。此外，好朋友们也都在爱着你。就算是你的宠物猫狗，也是会爱着你的。

爱你的人可能还包括你经常光顾的餐馆的老板娘、对门邻居、咖啡店老板，甚至是旅途中偶遇的陌生人。

当然，有一些人可能已经过世了，但也没关系。

你是因为有了谁的爱，才能生活到现在的呢？

请再一次回想起这份爱。然后，带着感谢的心情去郑重地回应他们给予你的这份爱吧！

> POINT：通过与爱建立连接，我们可以治愈自己的负罪感。只需回想起那些爱着自己的人，我们的心中就会充满爱。从那个瞬间起，我们便可以从负罪感中得到解放。

谁会为你的幸福而感到高兴?

让令人愉悦的爱填满你的心

这是与爱建立连接的第二个问题。这个问题与前一节提到的"谁是全心全意爱你的人"比较像,所以大家也许会想到同一个人。但实际上,这个问题所涉及的范围更广,我们也可以更轻松地对待它。

比如,当你想到公司里的某个同事时,如果你问自己"他爱我吗?",针对这个问题你肯定会在心里打个问号;但如果你问自己"他会为我的幸福而感到高兴吗?",那么也许你可以认为"是的,他会为我高兴的"。

那些与你熟识的人,绝大多数都会为你的幸福而感到高兴。

我认为,单是想起他们的面孔,就足以让你的心中充满令人愉悦的爱。

我来讲一点自己的事情吧。我的父母在我读初中的时候离婚了，从那之后我与父亲只见过几次面。当时我正在青春期，问他们关于离婚的事情也只得到了很敷衍的回答。此后，我离开家乡迁到了大阪，听说父亲也再婚了，我们之间的联系就淡了下来。

在我父亲很小的时候，他的亲生母亲就去世了。他是在继母的虐待中长大的，不擅长与人交流，我几乎完全没有听他说过饱含爱意的话。所以在我刚刚成年的那段时间，我甚至一度觉得父亲并不爱我。

在学了心理学之后，我才逐渐理解了像父亲这样虽然笨拙但依然饱含爱意的情况。儿时的记忆也逐渐苏醒，我回忆起了父亲经常陪我玩耍的日子。

到了我二十七八岁时，一天，母亲告知了我父亲的死讯。我和父亲已经永远阴阳两隔了。而也是在那之后，母亲对我讲述了父亲临终前的情形。

"我的儿子不管读什么样的高中，上什么样的大学，进什么样的公司，都是我的好儿子。他特别温柔，是个好孩子。"父亲躺在病床上，仍不时骄傲地说起我的事情。可能是从母亲那里得知了我的近况，他直到去世前一刻还牢牢记着，并以这种方式不断向别人说着。得知这一切，我很激动。他还一直记得我这个儿子的事情，深深地爱着我，并希望我幸福。在那一刻，我完全明白了。

虽然我和父亲曾经断了联系，甚至我都怀疑他是否还爱着我，但在那之后，父亲对我来说就变成了"会为我的幸福而感到高兴的人"。

请大家环顾一下身边的人。

有哪些人会为你的幸福而感到高兴呢？以这样的眼光来看，也许你就会发现自己被超出想象的人爱着。请允许自己接受这些人的爱。

POINT：我们因为有他人的爱才得以生存。请大家思考一下"谁会为我们的幸福而感到高兴"，说不定就会发现自己被超出想象的人爱着。

你是为了谁而努力到现在的?

就算怀有负罪感，那也是爱的表现

这是与爱建立连接的第三个问题。所有孩子都很喜欢自己的父母，会为了让父母开心而拼命努力。此外，他们也会为了老师、同学和伙伴而努力，有的时候甚至会为了学校的荣誉而努力。为了安慰因失恋而痛苦的朋友，他们也会很认真地听对方诉说，并鼓励对方振作起来。

同样，为了自己喜欢的女孩子或男孩子，到现在为止我们的确付出了很多。女孩子会努力打扮得时尚，穿上希望对方夸自己美丽的衣服，不断练习脸上的笑容。如果是男孩子的话，他也许会把心思花在去女朋友喜欢的店或者买女朋友喜欢的礼物上。当二人之间产生问题的时候，也会拿出比以前更多的努力，争取明白对方的心思。

工作之后，我们会为了上司、同事、客户和家人而投入自己的精力。

我们一直在为了他人而努力。

这样做有时会牺牲自己，有时也可能是出于负罪感的补偿行为。但我认为，这些状况的背后，往往也有爱的存在。

为了让对方高兴，为了看到对方的笑容，为了让对方轻松一点，为了让对方打起精神……为了这些目标而付出的努力，毫无疑问就是爱。

因此，本节提出的这个问题实际上等同于在问："你一直在爱着谁？"但相较而言，"你是为了谁而努力到现在的"这个问法更容易回答，不是吗？而这就是为什么我会选择在提供心理咨询服务的过程中，一直使用"你是为了谁而努力到现在的"这种问法。

亲爱的读者朋友，请你现在也一定要试着想一想："你是为了谁而努力到现在的？"

如此回顾自己的人生，你是不是就会发现，自己也一直被很多人爱着呢？

负罪感会使你明白自己拥有多少爱

但是，爱有时会与负罪感成为一体两面。

说到这个，你也许会想起许多类似的经历，比如"为了让父母高兴拼命学习，但没有考上第一志愿，最后还是让他们失望了"，或者"为了公司努力工作，本想做出成果，但没能完成业绩指标"，再或者"为恋人认真做了一顿饭，结果却很难吃"。努力的初衷明明是为了他人，最终却没有顺利实现。

我们心中"想让对方高兴"的爱越是强烈，未能实现时所产生的负罪感也会越严重，将我们困于自责之中。

于是，我们会被负罪感的痛苦折磨。

但反过来想，这样的负罪感也会告诉你，自己的心中拥有多少爱。

因此，如果我们能够将感受负罪感的频道切换到感受爱的频道，就会为自己心中的爱而感到自豪。你觉得呢？

"你是为了谁而努力到现在的？"这个问题可以显

示出你心中的爱。

　　与其被负罪感误导，不如有意识地坚持跟随爱的方向。如果你能够以这样的方式感受到爱，那么不仅你心中的负罪感可以得到净化，你自己也会因此而充满自信。

POINT："你是为了谁而努力到现在的？"这个问题会明确告诉你自己一直在爱着哪些人。如果你在这个地方怀有负罪感，那就意味着你对此拥有同等程度的爱。

做一些让自己开怀一笑的事

笑容会将我们从负罪感的泥沼中拯救出来

经过对前文提到的三个与爱建立连接的问题的思考，本节我想为大家介绍"爱自己"的方法。但就算我对大家说"请更爱自己一些"，大多数人也完全不知道该怎样做吧。这倒也实属正常，毕竟我们经常被教育要学会"爱他人"，但"爱自己"这件事的确没怎么被人嘱咐过。

在此，我建议大家"做一些让自己开怀一笑的事"。这与"爱自己"具有同样的意义，但前者更方便大家思考。

特别是当我们被负罪感支配的时候，我们会禁止自己露出笑容。这是因为我们会觉得自己没有开心的资格。我们会固执地认为自己做了不好的事情，所以不应该露出笑容。

因此，"做一些让自己开怀一笑的事"反过来会成为将我们从负罪感之中拯救出来的行为。

一开始我们的心中会有很多烦恼，也可能完全想不到该做些什么才好，但请不要停止探索。"我喜欢什么？有什么可以让我高兴的东西？做什么事情才能让我露出笑容？"请不断地向自己提出这些问题。

另外，即使我们得出了以上问题的答案，如果负罪感很强烈的话，也还是会不由自主地想："我这样做真的可以吗？"而当我们真正付诸实践之后，负罪感有时也会再度袭来："我果然又做了不该做的事情。"

但是，负罪感是无法战胜爱的。就算一直怀有这样的负罪感，只要我们坚持做这些让自己开怀一笑的事，不知不觉间负罪感就会消失不见。

列一张"笑容清单"

所谓"让自己开怀一笑的事"，即使是下面这样的小事也没有关系。

○ 吃一块巧克力；

○ 阅读一本漫画书；

○ 玩手机游戏玩到爽；

○ 去喝点酒；

○ 留出充足的时间悠闲地品一盏茶；

○ 悠闲地泡个澡；

○ 一遍一遍地看自己喜欢的电影；

○ 去买衣服；

○ 去美味的餐馆用餐；

○ 不用在意时间，与好朋友聊天；

○ 计划一场旅行；

○ 去按摩或者美容；

○ 去理发；

○ 去见喜欢的人。

没错，即使只是这样很小的事情也没有关系。

　　我在前面说过，只要你能够露出笑容，就是"爱自己"的表现。但实际上它的效果还不止这些。当你露出笑容时，就可以自然地给你身边的人带去笑容。那些希望你获得幸福的人，在看到你因为负罪感而感到痛苦的时候也会心痛；而当你停止责罚自己，再一次找回笑容的时候，他们也会为你感到高兴。

　　也就是说，你露出的笑容，不仅是对自己的谅解，也会传递出你对身边人的爱。

　　这个时候你应该会感到心情舒畅。换句话说，这就是"自己主动讨自己欢心"。

POINT：　"做一些让自己开怀一笑的事"是一种在任何时候都会起作用的练习，但从真正意义上来讲，它其实是一堂学会"爱自己"的课程。我们会发现，通过让自己展露笑容，我们也能为身边的人带去笑容。

收集自己被人爱着的证据

列一份"被爱证据清单"

你是否能坦然地接受他人的爱呢？是否为"自己不值得被爱"之类的想法所困呢？

这里希望大家想一想的事情是，"去寻找自己被人爱着的证据"。乍一问，很多人都可能会有些不知所措，但迄今为止，在为大家介绍如何原谅自己的过程中，我们多少都有一些自己的心中拥有爱，并且被他人爱着的实感，所以我才特意为大家出这么一道难题。

比如，下面这些情况就是"你被人爱着的证据"：

○ 父亲努力工作，支持你读完了大学；

○ 母亲为你安排好了学校和补课班，还为了你的健康

　　精心烹饪每一顿饭；

○ 某位朋友经常对你说"我什么事情都可以放心地和你讲"；

○ 另一位朋友经常邀请你去玩耍或者逛街；

○ 一起长大的多年好友不管有什么事都和你商量；

○ 上司经常带你去喝酒；

○ 妻子会很认真地听你倾诉；

○ 孩子们很亲近你。

　　如果以这样的感觉有意去寻找的话，恐怕你能列出几十条来。（这里只是举例，每句话的主语都可以改变，比如你可以去想母亲为你做过的事，得到的结果想必会更多。）

　　希望大家不要强求自己一天就写完，而是多花几天去列这个清单。

　　它会让我们回忆过去，审视现在，并收集到"原来这是爱的表现""原来他爱着我"的证据。

　　如此一来，你的潜意识就会逐渐接收到这样的信

息 ——"有人爱着我""我有充足的被爱的价值"。

这样做的结果，是让你拥有"被爱的自信"。

当然，这份爱毫无疑问会溶解你心中的负罪感。所以从我们收集自己被人爱着的证据，并接受他人的爱的那个瞬间开始，负罪感就会逐渐消失。

POINT：请大家花时间做一份"被爱证据清单"。这样我们不仅能够获得被他人爱着的实感，还会因为潜意识中不断积累自己值得被爱的想法，而从负罪感之中得到解放。

描绘向往的生活，活出自己的人生

写出让你期待不已的事情

治愈负罪感与活出自己的人生这两者之间，实际上存在着很深的关联性。如果我们一直怀有负罪感，就无法允许自己"按照自己的人生规划生活"。

想想也是，负罪感会使你无法获得幸福，自然也不会允许"遵照人生规划过上幸福的生活"这种事发生。

再者说，就算你遵照人生规划，做着自己想做的事，也很容易因为工作、经济、人际关系等方面的问题而遇到挫折。因此，为了让大家能够实现自己的人生规划，治愈负罪感是一件非常重要的事。这就是为什么我建议大家在治愈负罪感的同时，朝着自己的人生规划迈进。

不过，虽说是人生规划，也没有必要非得是多么宏大的计划。所谓活出自己的人生，就是去坦诚面对自己喜欢做的事、让自己期待不已的事和想要去实现的事，并在将它们一一实现的途中，与负罪感堂堂正正地对抗。

也就是说，继续去做前面提到的"让自己开怀一笑的事"，可以帮助我们实现人生规划。为此，建议大家认真地描绘一下自己的人生规划。

首先，请自由地想象一下自己过着最幸福的生活是怎样一种场景。住在什么样的地方？过着什么样的生活？做着什么样的工作？拥有什么样的朋友和伙伴？与谁共享每一个朝朝暮暮？请不要为自己设限，尽可能自由地想象。

这里的关键是要找到自己期待不已的生活，要兴奋地想"如果能过上这样的生活就太好了"。这一份期待的心情比什么都重要。

然后，请大家将这样的生活写下来。一条一条列出来也行，写成小说一样的故事也行，形式不拘。

　　我最近经常让来访者画出"自己的人生规划中房屋的样子"，包括窗户外面能看到怎样的景色，自己居住在怎样的空间之中，等等。对于这些问题，画画是一个很好的方法。通过这一方法，他们就可以一边想象着那个美好的世界，一边充满期待地度过每一天了。

想象自己生活在"放下负罪感的世界"中

　　像上面这样自由想象生活的样貌，换个说法其实就是对"如果你放下了心中的负罪感，会过上什么样的生活"这个问题的回答。

　　负罪感会阻挠我们推进自己的人生规划。因此反过来说，通过自由地描绘自己所向往的生活，我们就能够想象到"放下负罪感的世界"会是什么样子。而对想象中生活的描绘要远比回答"你认为放下负罪感会发生什么"这个问题来得简单。

　　而且，当你开始想象自己生活在"放下负罪感的世界"

中，并因此而感到期待不已的时候，你就已经远离了负罪感，获得了自由，并憧憬着自己本来应该拥有的人生了。

那结果会怎么样呢？

根据吸引力法则，你会自然而然地像受到某种引导一样，走向那个"没有负罪感的世界"。

另外，关于描绘人生规划的具体方法，请参考我的另一本书——《高敏感族活出自我的 7 日练习：摆脱"以他人为主"的人生》（ASA 出版社）。

POINT：通过想象让我们充满期待地度过每一天的人生规划，我们就能够放下试图阻止我们获得幸福的负罪感。

让"高我心智"成为自己的人生顾问

向原本活力满满的自己寻求建议

前面为大家介绍的通过活出自己的人生来放下负罪感的方法，还有其他的用处。

这也需要我们将想象力投入全速运转。请大家先想象一下"实现人生规划的自己"会是什么样子。

不必担心，即使还没有具体的人生规划，我们也可以先进行想象。

也就是说，我们可以想象一下做着理想的工作，被最棒的伴侣、家人和朋友爱着，过着富足的生活的自己。这样的你，每天早晨都会以最好的心情醒来，活力满满地做自己想做的事。这才是我们原本应该有的样子。

我们要指名这样的自己来担任自己的人生顾问。

比如，你在一次工作中负责新产品的展示。但你本来就不擅长在人前讲话，对这款新产品也没有充分的了解。这时候你就需要来自人生顾问（理想中的自己）的帮助。

它也许会对你说："没关系！展示不是你一个人的工作，同事们会帮你的，你可以多相信大家一些。再说了，展示之前多练习几次肯定没有问题。你看，上大学的时候，你在研讨会上发言也是一样心怀不安，但最后不也顺利完成了嘛！"

这实际上是来自你内心深处的声音，所以非常具有说服力。听到这些话，你的心情就能够不可思议地恢复平静，为接下来的展示做好准备。

这也是一种与你心中的"高我心智"（存在于更高的精神层面）建立连接的方法。

"高我心智"不会被负罪感迷惑，是如同爱的象征一样的存在，有人将它比作"心中的神"。

通过理想中的自己，我们能够与"高我心智"建立起连接，从而摆脱负罪感以及其他各种负面情感，感受到自己原原本本的样子。

POINT：试着让理想中的自己（"高我心智"）来担任你的人生顾问吧。这样你就可以不为负罪感所困，接受让心情平静下来的建议，比如"我应该怎样去做"。

想象训练1：净化心灵

放下自己是"毒药"的想法

就像此前已经为大家介绍过的那样，如果负罪感层层累积，那么你会变得无法意识到自己心中怀有负罪感。与此同时，你的心中会产生"我是毒药""我是脏东西""我不干净"之类的观念，使你与喜欢的人保持距离，或者无意识地做出一些会让自己感到痛苦的行为。

这样的感觉是负罪感植根于潜意识之中的证据（也就是说，我们无法意识到），因此，即使我们知道它的存在，也很难从潜意识之中将其去除。

在这种情况下，我们当然可以去回顾产生负罪感的根源（比如与家人或前任恋人的关系），然后从这里入手，放下自己心中的负罪感（比如前面介绍的写感谢信），但还有一种更为感性的处理方法。

接下来就为大家介绍这种诉诸感性的方法。这也是我在咨询中会使用的一种方法，本来应该闭上眼睛进行的，此处就请读者朋友们慢慢地阅读下面这一段文字。为了能让大家感受到效果，我还特意做了一番设计。

请大家想象一下这样的情景。

在你的头顶上方，

一道柔和、圣洁的光自上而下照在你的身上。

就像沐浴一样，你全身都接受着光的洗礼。

这道光令你感到愉快，它将你的身体包裹了起来。

请试着感受那份温暖柔和的感觉。

过了一会儿，光从你的皮肤开始，渗入了你的身体。

你的每一次呼吸，都会将这道光吸入你的身体。

请想象一下，圣洁的光渐渐充满了你的身体。

慢慢地，一部分光将你身体中的污秽全部吸收，并与你的呼吸一同被排出体外。

另一部分光包裹着你心中的污秽，

从你的脚心流出，注入大地。

请想象一下，你的每一次呼吸都会吸入温柔的光。

它在吸收了你所不需要的东西之后，

又会随着呼吸，或从脚心排出体外。

你只需要不断地呼吸，

就能让心中的污秽一点一点变少。

（此处请暂时停止阅读，照着上述的情境，一边想象，

一边重复呼吸 10 次）

你的身心会逐渐得到净化，光将充满你的身体。

此时，你的身体会开始发出同样温和的光。

所有的负罪感都得到了净化，

你如同新生的婴儿一样，全身都散发着美好的光。

　　这样的想象训练无论何时何地都可以灵活地使用。有一位来访者在接受了这样的想象训练之后，感觉非常愉快，后来她每天睡前都会躺在床上做一次想象训练。

　　这样做之后，她的睡眠质量得到了改善，早晨起床的状态也好了许多。不仅如此，她明显感觉到自己的皮肤也焕发了光泽！她建议大家"就算是为了美容也要试一试"。（笑）

想象训练 2：放下背负的十字架

净化潜意识中的负罪感

负罪感是一种会让你的内心背负上沉重的十字架的情感。

在为这种情感所困的时候，我们的心中会阴云常驻，感觉整个世界都被沉重的气氛支配着。

于是，为了惩罚自己，我们背负上沉重的十字架，戴上脚镣，在前途迷茫、荆棘丛生的路上踽踽前行。

下面我将为大家介绍一种放下深埋于潜意识之中的负罪感的方法。请读者朋友们慢慢地阅读这一段文字：

你正背负着沉重的十字架，

戴着冰冷的脚镣，走在荆棘丛生的路上。

你已经在这条路上走了很久，

身体被尖锐的荆棘刺得满是伤口。

十字架实在太重了，导致你的双手双脚已经麻痹。

但你还是坚持认为"这是对自己所作所为的惩罚"，

一步一步沿着看不到终点的道路继续前行。

这时你的面前降下了一道耀眼的光。

一位满怀慈爱与温柔的女神从其中现身，

接着传出了直击你内心的令人愉快的声音。

"你已经惩罚自己够多了。

"你已经没有必要继续伤害自己了。

"你已经可以放下这个十字架了。"

但你仍然在抵抗着，

因为你坚信自己犯下的罪孽尚未偿还完毕。

女神察觉到这一点，露出了更温柔的表情，对你说：

"你知道你这样做有多么伤害自己吗？

"你对自己的惩罚已经足够多了。

"你已经得到了原谅。"

女神一边说着，一边走近你，伸出了双手。

你深深吐出一口气，

将一直背负的十字架递给了女神。

女神的手刚刚碰到十字架，它就瞬间消失了。

出现在她手上的，是用美丽的花草编织而成的花环。

女神将花环戴在你的头上，对你说：

"这是原谅的象征。

"若你今后再背上十字架，就请回忆起这个花环。"

这时，耀眼的光将你包裹了起来。

不知不觉间，戴在你双脚上的沉重铁镣也消失了。

不仅如此，破损的衣服也变得崭新、舒适，

你发现自己的身体也变得异常轻盈。

眼前的女神消失了。

荆棘丛生的道路化作美丽的草原，

晴朗的天空一望无际，

温暖的阳光包围着你的全身。

然后，你带着自己轻盈的身体，

向这片草原踏出了崭新的一步。

对自己的爱持有自信

负罪感会让我们无法感受到爱

负罪感所带来的真正灾难是它会夺走你心中的爱。你会变得无法相信自己的爱，认为自己的爱反而会成为伤害他人的毒药或者利刃，这样一来，你会在负罪感的影响下变得无法去爱他人。因此，当你为负罪感所困的时候，既不能去爱他人，也不能接受来自他人的爱。

话虽如此，但这并不是说爱已经从你的心中完全消失。它只是被负罪感包覆，隐藏起来让我们看不到它了。

所以，每当我与这样的来访者对话的时候，总是会尝试在他们的心中发现爱。从"如果这里隐藏着爱"的视角出发，我们可以很轻易地发现爱的存在。

但对于为负罪感所困的人来说，想要自己去实行这件事是很难的。

在此，我将为大家介绍几个案例。如果大家可以带着这样的思考——"我的心中是不是也存在着这样的爱呢？"——来进行阅读的话，那就再好不过了。

案例 1：一位深陷于高强度工作的男士

有一位男士，工作非常繁忙，每天加班自不必说，周六日也时不时需要去上班。可以说，他的生活落入了所谓高强度工作的陷阱。他的妻子则必须一个人承担所有的育儿方面的事情，总是搞得手忙脚乱。平日里，妻子多次对出于工作原因不常在家的他进行指责。因此，他产生了"我让妻子这么辛苦真是不好意思"的负罪感。原本深陷于高强度工作这件事就有他自己负罪感强烈的原因存在，而现在他对妻子的负罪感更强。

可是，请大家想想，他为什么会那么辛苦地工作呢？

他是为了谁才去上班，工作到精疲力竭的呢？

　　没错，是为了他深爱的家人。尤其是在当下这个薪水很难提升的时代，他只能不断地回应公司的期待，以此来为家庭带来更多的收入。可以说，他对家人的爱真的是很深很深。

　　因此，我向他发出了一个有些坏心眼的提问。

　　"公司和家人，哪个更重要？"

　　"当然是家人更重要，"他不假思索地回答，但接着又补充说，"但为了家人，如果我不努力工作的话……"

　　而我则建议他："要不要考虑请一天假，让妻子自由地支配这一天的时间呢？只是一天的话还是可以做到的吧？"

　　他在咨询结束的第二天就请到了带薪休假，然后对妻子说："一直以来辛苦你了。今天我来照顾孩子们，你出去买点自己喜欢的东西，放松一下吧。"一开始他对照顾孩子们还很不得要领，手忙脚乱了好一阵子，但还是渐渐地被孩子们的可爱吸引，在陪伴的过程中感受到了深深的幸福。

　　当然，得到久违的外出机会的妻子也很开心，向他表示了感谢。当晚，他更加确信了对自己来说最重要的是家人这一点，于是开始准备换工作。

案例 2：一位感觉自己不配做母亲的女士

有一位女士，对待自己的女儿一直非常严格，但她对这一点怀有强烈的负罪感。她责怪自己不配做母亲，是心里没有爱的人，最终甚至到了只要看到女儿的脸就开始责备自己，完全没有办法在女儿面前露出笑容的程度。

我在询问她的成长经历之后得知，这位女士从儿时开始就没有多少被父母爱着的记忆。大多数时候都是父母去上班，留下年幼的她一个人待在家里。为了让自己的女儿不再经历这样的孤独，在生下女儿之后，她就选择成为一名家庭主妇。但事情也并不如她所愿，沉重的育儿压力随之而来，最终她将压力都发泄到了女儿的身上。所以，我们完全可以想象到她内心由此产生的负罪感会有多么深刻。

　　这位女士原本是想着"不让自己的孩子体会到孤独的心情"，才选择了现在的生活。对女儿的严格要求，不也是因为她想要成为更好的母亲反而努力过度了吗？这些出于爱的行为过了火，最终让她的心中产生了负罪感。

　　我告诉她，实际上她的心中藏着对女儿深深的爱，只是努力过度了而已，并且建议她稍稍放松一些，尝试着允许自己去"做一个不合格的母亲"。仔细想想，这位女士每天都认真地为丈夫和孩子做好三餐，用清水擦拭地板以保护孩子的健康，甚至连孩子的衣服都全部是手洗的。从某一天开始，她决定停止这些以前的做法，尝试去只做自己能够做到的事情。

　　一开始她还会有些不安，经常问自己："这样做真的好吗？"但家务事上少消耗的时间可以用来陪女儿玩耍，最终她重新在女儿面前找回了自己的笑容。她对我说："我为了让孩子不经历我儿时的孤独才选择成为一名家庭主妇，却因家务缠身，最终还是让她一个人待着。我意识到了这一点。我和女儿一起度过的时间非常开心，也非常幸福，最重要的是我能够看到女儿快乐的笑脸了。

其实，在这之前，小小年纪的她就已经开始照顾我的心情，

这也成了我的一份负罪感。"

POINT：停止去想"不可以如何""是谁的不好"，而是用"如果这里隐藏着爱"的方法去审视。这时你会发现，一些看起来负面的行为举止的背后，也可能有爱的存在。

接纳自己，理解自己，原谅自己

"我这样的人可以获得幸福吗？"

本节要介绍的这个案例，可能会让大家在读完之后感到不快，或者感到无法理解。当然也可能有读者想要主张这个行为的正当性，但对于我这样一名心理咨询师来说，不太会去做出"对"或"不对"的评论。我的目标是消除对方的负罪感，让来访者多少能够轻松一些。

如果大家能从这个案例中理解"恨其罪而不恨其人"这种思想的话，就再好不过了。

一天，一位有过一次离婚经历的女士来到了我的咨询室。离婚的原因是她自己婚内出轨，丈夫发现之后责备了她，最终二人关系破裂。据她所说，在她小的时候父母就离了婚，她是由母亲一个人带大的。母亲为了养育她不分昼夜地辛苦工作，因此家里大多数时间都没有人，她一直都感到很孤独。

20 岁时，她与大自己 10 岁的男友结了婚。婚后丈夫经常出差，工作也很忙。她下班之后往往要一个人睡在家里，因此一直没能怀上孩子。每当她和丈夫诉苦的时候，丈夫都只是对她说："我的工作就是这样，也没办法不是吗？忍一忍吧！"因此，她的内心完全得不到满足。

这个时候，她遇到了一位温柔待她的男士，对他一见倾心。没过多久，二人自然而然地就发展成了男女关系。但对方也是有家庭的人，因此她最终还是会感到寂寞。

她对自己做过的事、正在做的事怀有巨大的负罪感。

她问我："我这样的人可以获得幸福吗？"恐怕在这之前，她已经无数次地问过自己这个问题了吧。

而我对她说："如果你是因为寂寞才出轨的，那又有什么错呢？"她的所作所为确实是对丈夫的背叛，但我认为她有着充分的不得不如此的理由。也就是说，她只是没有选择。

她长舒了一口气，告诉我："也许我没有办法立刻接受你的说法，但不知为何心里突然轻松了很多。"之后，我详细询问了造成她感到孤独的根本原因，也就是她在那段童年时期的经历。

有时我们"没有选择，只能如此"

孩子一个人在深夜等待母亲回来的感觉是什么样的呢？

倘若外面电闪雷鸣，狂风大作，吹得窗户啪嗒啪嗒地响，孩子的心情是什么样的呢？

虽然饭菜已经做好，但每天晚上孩子只能一个人吃晚饭，这顿饭的滋味是什么样的呢？

除了等母亲回来之外没有任何办法，孩子的心里又会想些什么呢？

即使在她成年、结婚之后，儿时的这种经历还是会一遍又一遍地上演。也许有一天，她在等待丈夫回家的时候会想起儿时所感受到的寂寞。但毕竟她现在已经是成年人了，所感受到的和儿时也会略有不同。但是，当她看到电视里全家人一起散步时的欢乐场面，或是见到别人家擦得明亮的玻璃窗的时候，也许还是会感到自己的心被紧紧地揪着。

我觉得，这时如果出现了一个能够陪伴她的人，就算她心里知道并不应该和对方发生关系，却也已经无法控制自己了。

我推荐大家带着"为什么我当时不得不这样做"的意识来面对自己的负罪感。

因为我们的内心世界里没有什么法律、伦理、社会性，有的只是某种情感。

也就是说，我们可以不以对错或好坏的标准来进行判断。因为这样的标准存在于我们的"思考"之中，而并非存在于我们的"心"里。

这样的话，即使对于社会上被看作禁忌的事情，我们也能够予以理解。

　　"没有选择，只能如此。"如果可以这样看待一些事情的话，我们还会对自己横加指责吗？

不以好坏来判断，而是学会接受与理解

　　这样的过程我们称为"接受与理解"。

　　在这位女士讲述的过程中，对于她所说的话，我只需要去接受，除此之外不做任何评价，并且尝试去理解她不得不如此做的原因。这样的态度会对解决问题起到很大的作用。

　　请大家注意，这里所说的理解并不是通过理性和逻辑去理解，而是情感上的理解。也就是说，它指的是一种设身处地的思考：如果你和她处于同一个心理状态下的话，即使你心里知道这样做不好，但还是会做出和她一样的选择，不是吗？

　　接受与理解是我们谈论"原谅"这个话题时的一个非常重要的因素。

很多人都倾向于通过表现出来的行为或者态度来判断事情的好坏。但是在很多情况下，这些行为的背后也隐藏着不得已而为之的状况。

通过接受并理解自己的所作所为，我们就会变得能够原谅自己。

POINT：以善恶或对错来看待事物是我们的思考惯性。而当我们将视线转向自己的内心（情感）时，就会发现那些让我们不得已而为之的状况。如果我们能够理解这些状况，也就能够原谅自己。

第三章

从负罪感中
将自己解放的案例

案例 1："理解"丈夫的出轨问题

"我没有错，是你不好"

这里为大家介绍一个我遇到的真实案例，来访者是一位丈夫出轨但仍然想挽回婚姻的女士。

结婚第 8 年，这位女士来到了我的咨询室，咨询丈夫出轨的问题。半年前，也就是她刚开始发现丈夫出轨的时候，她觉得眼前一片漆黑，经常无意中对丈夫多加指责。

丈夫很不情愿地承认了出轨问题，但又很直接地表示："说到底这都是你的错。你一直把自己的情绪发泄到我身上，我在家里都感觉没有自己的容身之处！从结婚以来，我始终在配合你，一直忍到了现在！"

听了丈夫的话，这位女士大受打击。但即便如此，她仍然想要为缓和二人之间的关系做出一些努力。在查询了各类网站之后，她发现到处都能看到这样的说法 ——"如果妻子责备出轨的丈夫，就会刺激对方的负罪感，导致他更不愿意回到妻子的身边"。于是，她开始抑制自己想要去责备丈夫的想法，努力扮演一名好妻子的角色，试图重新赢回丈夫的心。

但是在那之后，丈夫并没有表现出想要停止出轨的样子，反而一直都保持着"我没有错，是你不好"的恶劣态度。这样的生活渐渐地让她感到非常疲惫。

这时，她发现了我的博客，进而找到了我。

明明心里清楚，却无法停止自己的行为

她的心里一直怀有这样一个疑问："丈夫到底有没有感觉到负罪感呢？从我这里看起来完全不像啊……"通读本书的读者朋友想必此时心中已经明白，事情并不是这样的。

我将本书第一章中所讲的"负罪感越强，越执着于

正当性"这个现象介绍给了她。

正是因为心中怀有负罪感，丈夫才会主张自己行为的正当性，才会将一切问题归结到妻子的身上。听完我说的这些话，她露出了一下子还无法接受的表情，但当我向她介绍了更多案例后，她逐渐理解了这个问题。

她问我："为什么他知道这是不对的，却还是无法停止这种行为呢？"

我反问她："你是否也做出过明知不该如此，却无法停止的某些行为呢？"

她回答我说："以前我有夜里洗完澡之后吃冰激凌或者点心的习惯，一直也没能戒掉，这种事情可以算吗？"

我点了点头，然后说："这样的小事也足够说明问题。虽然二者完全不是同一个程度的问题，但都是出于相似的心理。为什么你戒不掉吃冰激凌或者点心这个习惯呢？"

"嗯……"

她思考了一会儿，回答我说："也许是因为压力大吧。好像每当发生让我不开心或者生气的事情时，我就会去吃东西。"

无视丈夫的压力让感情出现裂痕

我问这位女士："那你的丈夫或许也会有压力吧。你知道他有哪些压力吗？"

"他最近一直在说工作很辛苦。好几位同事辞职了，但公司也没有新招人手。虽然他在一年前升了职，但只是责任增加了很多，工资却没怎么涨，而他也一直在向我抱怨这件事。我倒不觉得他有加很多班，但有时候会在休息日突然被叫到公司上班，所以工作压力应该是很大的。"

讲到这里，她突然叹了口气，继续说道："啊，对了，我觉得我从来都没有理解过他。我自己在家里看孩子都忙不过来，丈夫回家之后我也会让他帮我照顾孩子，或者帮忙做点家务什么的。我一般会在哄孩子睡觉的时候也和孩子一起睡，完全没有工夫去听他诉说。"

她接着对我说："说起来好像在我发现他出轨之前没多久，有这样一件事情。那天，他少见地醉成一团烂泥一样回到家里。我正在哄孩子睡觉呢，一见他这个样子就非常生气，一边训斥他‘孩子好不容易快睡着了，你回来干什么’，一边将他赶出了家门。现在想起来，当时他露出了非常落寞的眼神。那次是我做得不对吧。”

心理学上有一种“夫妻会因为同一种情感而感到痛苦”的思考方式。也就是说，虽然双方产生情感的契机和感受方式各不相同，但当丈夫感到寂寞的时候，妻子也同样会感到寂寞；当丈夫为负罪感所困的时候，妻子的心中也会产生负罪感。

为同一种情感所困的夫妻

我告诉她：“你们二人都在因为同一种情感而感到痛苦。”

我进一步解释说：“你完全没有错，因为照顾孩子真的很辛苦。我认为你已经非常努力了。所以，在这一点上，你完全没有任何不对。你的丈夫不也为了家庭，非常努力地想要帮助你去做这些事情吗？也许他会因为自己工作太忙，没有能够真正帮到你而产生负罪感。于是，夫妻二人无意间就出现了隔阂。那天你将丈夫赶出家门不过是一个导火线，就算没有那件事，这个隔阂也会以其他的形式显现出来。"

听了我说的话，她逐渐理解了丈夫的想法。她说："那也就是说，我丈夫去找其他女人也是没有办法的事。确实，辛苦工作了一天回到家，还要面对我和孩子，就连休息一会儿都没有办法实现。这个时候如果有人能够温柔待他，他当然会投身到她的怀抱中。虽然我不想承认，但丈夫可能确实也有他自己的苦衷。"

"我认为他现在也正为此而痛苦着。他也是成年人了，知道自己做了什么错事。而且你的丈夫是个温柔的人，一定知道妻子也受到了伤害，并为此而感到更加痛苦。但你知道吗？正是因为你们二人互相爱着对方，才会感受到如此巨大的痛苦。如果你不爱你的丈夫，早就已经和他离婚，并要求他支付精神损失费了吧。你的丈夫也是一样，如果他不爱你和孩子，早就和那个女人在一起，准备和你离婚了吧。"

听到我这样说，她大吃一惊。

"我丈夫真的还爱着我吗？这么多年来我让他受了不少罪，他还爱着我吗？"

我回答道："我听你讲了你丈夫的态度，就知道他心中有着很强的负罪感。而我认为，心中怀有多少负罪感，就意味着背后隐藏着多少爱。你自己的爱也是如此，所以不妨试着相信他的心中也一样还有对你的爱，好吗？"

"因为我爱你，所以愿意一直等你回来"

她在离开咨询室时对我说："我感觉自己轻松了好多。"

之后，她用社交软件的私信向丈夫表达了自己的爱意。

她发了这样一段话："虽然我还没有办法立刻原谅你，但我想了很多，觉得现在已经能够理解你的心情了。

因为我爱你，所以愿意一直等你回来。"

丈夫的回复只有"对不起，谢谢你"这几个字，但这多少让她轻松了一些。从那之后，她尽量让自己以笑脸去面对丈夫。丈夫一开始还有些疑惑，经常没有回应，但他逐渐也向她打招呼，脸上的笑容也慢慢地变多了。

过了一段时间，丈夫向她道歉："真是对不起，让你担心了。我伤害了你，非常抱歉！"

事实上，恰好在她找我进行心理咨询的那段时间，丈夫已经向出轨对象表示"我不能和妻子离婚"，并离开了那个女人。

POINT：夫妻二人会在无意间为同一种情感所困。如果双方都怀有负罪感的话，为了惩罚自己，承受痛苦的状况就会不断持续下去。在这个时候，基于理解的原谅可以让二人之间的关系发生好转。

案例 2：终于发现父亲的爱，努力得到认可

为什么一直过着辛苦却没有回报的生活？

第一次与这位男士见面的情景给我留下了很深的印象。他脸色苍白，毫无生气，甚至让我不由得怀疑自己是不是见到了鬼怪。他在私立中学当教师，对待学生非常诚恳且认真，但似乎得不到任何回报。

有一年，他担任了全年级问题学生最多的班级的班主任。不仅要讲课，放学之后也得忙着照顾学生们。除此之外，虽然他没有任何相关经验，但还是得担任足球部的顾问，周六日必须在操场陪学生们练习踢足球。之前足球部还雇过一名教练，但在他成为顾问的半年后，教练辞职了，从那时候开始他就只能自己教学生们踢足球。

　　我第一次见到他的时候正好是那个学年的末期。他对我说："4 月之后[1]，我的工作环境应该会好一些，我觉得不会有比现在更差的情况了吧。"但 2 个月之后，当他再次到访我的咨询室时，露出了比上次更加疲惫的表情，并苦笑着说："我还是太天真了。"

　　足球部来了新任教练，他的负担也确实减轻了一些。但好事就只有这一件。之前一直照顾他的年级主任突然调任到了另一所学校，而他则成了新的年级主任。

　　还有那个有一大堆问题学生的班级，他也得继续跟班，再次担任了他们的班主任。学生们也初三了，他还得帮大家考虑毕业之后的去向。

　　再加上受到日本少子化[2]的影响，对于处于中游水平的学校来说，每年的招生都是一件很辛苦的事情。足球部顾问的工作一结束，他就立刻奔赴各地的补习班，向学生们介绍自己所任教的学校。就这样，新生活随着新学年开始了。

1　在日本，新学年从 4 月开始。

2　少子化，是指生育率下降，造成幼年人口逐渐减少的现象。

他当时对我说："每年的状况都这么严峻，我的身体居然还能撑得住，这一点连我自己都觉得不可思议。"

责怪未能回应父亲期待的自己

于是，我询问了他的成长经历。

他是三兄弟中的长子。父亲和他一样是一位教师，对他的要求一直很严格。母亲则并不是一个对孩子感情很深的人，虽然身为母亲该做的事情她也会去做，但平时基本都埋头在自己的兴趣之中，所以他和母亲之间总是存在着隔阂。由于环境如此，他几乎必然地成长为一个"好孩子"，在家里照顾弟弟们，在学校里则是优等生，每年都担任班级委员。

但即使他在学校里获得了荣誉，父亲也绝对不会认可他的表现。每次考试的试卷父亲都会仔细检查，就算他拿了90分，父亲也会训斥他："为什么没有拿100分！"但当他真的拿到了100分的时候，父亲却又否定他说：

"这次只是题目简单吧？别得意忘形了！"而在父亲这样训斥他的时候，母亲却总是摆出一副事不关己的样子，从来不会去维护一下他。

雪上加霜的是，父亲对弟弟们都很娇惯。据他所说，就算弟弟们考了很低的分数，父亲也从来不会生气。

在这个过程中，他渐渐地开始以否定的态度来对待自己。

他认为"被父亲否定是因为自己就是这样一个一事无成的人"，因此"如果想要得到他人的认可，就要不断地努力再努力"。也正是因为这份努力，他考上了一所一流大学。但因为父亲对他说"我们家里没什么钱，不能供你读国立大学以外的学校"，所以最后他只能听父亲的话，去读了另一所有名的国立大学。

他似乎患上了某种倦怠综合征，大学期间的成绩一直吊车尾。虽然父亲希望他能够成为一名律师或者国家公务员，但他只勉强取得了教师资格证，在求职的时候也历尽了千辛万苦，才找到了现在这份工作。

可以想象，父亲还是会对他说："我还以为你终于考上了好大学，能争点气呢，结果还是这个鬼样子。你就是我的失败作品。"与此同时，他的弟弟们上的高中和大学都比他差很多，但父亲却从来没有对他们说过一句重话。

他感到很不公平。但即便如此，他还是会以"这都是因为我自己不好，没能回应父亲的期待才会被训斥"这种责怪自己的方式去面对和理解这一事实。

因为负罪感，我们会自导自演所有的问题

听了他的讲述，我感到非常难受，坐立不安。我不由得开始同情他，明明付出了那么多的努力，却完全不被认可；而对于不分好歹都会责怪他的父亲、放任他不管不顾的母亲，我则感到无比地愤怒。

但当我将自己的心情告诉他之后，他却只是嘀咕着："您能这么想我很感谢，但其实都是我不好。父亲为了赚我的学费一直在努力工作，母亲也把我好好地养大了。

而我没有能够回应父母的期待，所以这都是我不好。"

多么温柔的一个人啊！我不由得想。

听了这个故事，想必大家也应该能够理解：正是因为这份负罪感，他才不断地责怪自己；正是因为这份负罪感，他才一味地忍受父亲的斥责，迎着母亲冷漠的视线长大；也正是因为这份负罪感，他才每年都将自己置于严峻的工作状况之中。

这就是所谓的"一切问题都是由你自己造成的"。

同时，我也认为"一切事情的发生都是必然的"。

无法取得父亲期待的成果，让他对自己产生了负罪感。而父亲每次对他的责备，都会让他的负罪感进一步加强。

另外，在受到母亲冷漠对待的时候，他也会认为"都是因为我不是个好孩子，妈妈才会不爱我"，进而产生更深的负罪感。

从客体视角来看，大家很容易像我一样将他放在受害者的位置，或者认为他的父母的确各有其缺，而他自己并不存在什么问题。这些都是完全合理的想法。

但我认为，当我们以主体视角来看待这个问题时 —— 他是由于自己的负罪感才导致了现在的严峻处境 —— 才更有可能去解决它。

无法说出"我太累了，我不想努力了"

于是我向他提出了一个问题："你为什么能够这么努力呢？你是为了谁才努力到现在的呢？"

他思维非常敏捷，马上回答道："是为了需要我的老师和学生们。虽然班里有很多问题学生，工作很辛苦，但相应地我也会感到自己的工作很有意义。学校把这个很难带的班托付给我，说明对我有着很大的期待。我的父亲其实也是一样，因为对我抱有期待，才会这样严格地对待我。"

我觉得他的回答非常有优等生的特点。

说得透彻一些，他正是通过这样的思考，让自己不断积极地面对糟糕的处境。

　　我从他的表情和语气中就知道，这些都是他的思考，而不是他的真心。因为如果他对回应父亲或者学校的期待感到快乐的话，就应该更加充满生气、精力充沛地享受现在的境遇才对。

　　但当他坐在我面前的时候，表现出来的是完全相反的样子。他让我想到了幽灵一样的表情，以及如同背负着十字架一样的沉重身体。我完全看不出来他对现在的处境抱有积极的态度。

　　倒不如说，他其实也在想办法去积极地面对眼前的艰难处境，只是目前看起来完全没有实现。

　　他所背负的十字架，正是他心中的负罪感。而我所能做的就是想办法让他将这个十字架放下来。

　　听了他的讲述之后，我请他做一件事。这件事很简单，那就是大声地说出这句话——

　　"我太累了，我不想努力了。"

　　他露出了不可思议的表情，但还是同意按照我的要求把这几句话讲出来。

　　可是，一到了马上要说出口的时候，不知为何他却发不出一点声音。他看起来一脸挣扎，"我……太……累……了……"这几个字还没说完，就摇摇头道："我说不出口。"

他从小就被禁止说任何丧气话。哪怕自己很辛苦，很疲惫，也无法承认这一点。

如果要问为什么的话，那就是他觉得一旦承认，自己就无法继续努力了。

对他而言，无法继续努力意味着永远得不到父亲的认可。

他努力至今的目标就是希望父亲夸奖他一句"做得好"。因此他固执地相信，在自己得到这句夸奖之前，不能放弃努力，只能不断地做出一个个成果。

我决定耐心地等待他说出来。

"我们有的是时间。请你试着把那句话说出来，可以吗？哪怕不带任何感情，只是讲出来也没有关系，试一试吧。"

他一边点头，一边像在读英语单词一样，从嘴里挤出了"我……太……累……了……"这几个字。虽然讲得模模糊糊，倒也不是无法分辨，但当他想要串字成句的时候，喉咙就像被堵住了一样，说不出一句完整的话。他将自己的心情压抑到这个程度，完全是心中的负罪感所致。

10分钟过去了。15分钟过去了。

咨询时间快要结束了，但我没有提醒他，只是继续耐心地等待着。

过了一会儿，他好像下定了决心，坐正了身体，用丹田发力，大声说道："我太累了！我不想努力了！"这句话几乎是喊出来的。

话音未落，他的眼中滚出了大滴大滴的泪水。他哇的一声哭了出来。

本性温和的他，一边不断地说着"对不起，对不起"，一边哭了很久。这是他从小累积到现在的情感得到释放的时刻。

哭完之后，他出神地盯着我的脸。他满面通红，眼神中似乎藏着某种力量。这是长年堆积在心中的情感得到痛快释放的表现。

"没关系的。现在感觉怎么样？有没有觉得身体没那么沉重了？"

听了我的问题，他回答道："嗯，刚才发生了什么？我的确感到肩膀和背上轻松了许多。"

发觉未能坦率表达出来的父爱

这时，我向他提出了另一个问题。

"你刚才说，父亲对待你一直都很严格，所以你一直都是为了得到父亲的承认而努力至今的。那父亲过去有没有认可过你，或者夸奖过你呢？"

如果是来咨询室之前的他，也许会立刻回答"没有"。但当我面对着现在的他，直觉告诉我这次会得到不一样的回答。

他再次低下头，沉思片刻，然后突然抬起头，对我讲了下面的事情。

"我毕业的大学是父亲曾经最想上的大学。我考上大学的那天，把这个消息报告给了父亲，他还是以一如既往的态度对我说：'你们现在和我年轻时不一样，考大学要容易很多。我看你也是碰运气才考上的吧，这点小事别得意忘形了！'不过那天晚上，母亲为我做了我喜欢吃的汉堡肉，现在想来应该是父亲拜托她做的。因为母亲不太喜欢做饭，像汉堡肉这样做起来很麻烦的料理她平常很少会做给我吃，所以我认为这是祝贺我考上大学的方式，那天的开心我到现在还记得。当然，父母并没有对我说'祝贺你'之类的话，但我还是能看出来他们的心情很好。"

说完，他按住眼角又低下头去，再次发出了呜咽之声。

在此之前，他一直认为自己从来没有得到过父亲的认可。

就算是工作之后，他也为了得到学校的认可而不停地努力工作着。得不到认可是因为自己无能 —— 他就是这样鞭策着自己，一路努力到今天的。这一路上他也一直都被负罪感折磨着。

但现在的他，已经能够接受父亲的爱。

虽然一直以来父亲都以那样的态度对待他，但父亲的心中也同样爱着自己的孩子，并且始终在支持着他。他敏锐地发现了这一点。

"你的父亲是一位很笨拙的人，应该不善于坦率地表达自己的爱吧。但这并不意味着他不爱你，有可能只是不知道该怎样把爱表达出来。那天吃的汉堡肉，味道很棒吧？说不定父亲只有通过这样的方式，才能够将对你的认可表达出来。"

他一边听我说，一边低着脑袋，多次"嗯嗯"地点着头。

那一瞬间，他心中的负罪感通过接受父亲的爱而获得了治愈。

当他再次抬起头的时候，已经换上了和之前完全不一样的充满活力的表情。他告诉我："我到现在还很喜欢吃汉堡肉，但很少在店里点它。和朋友们去饭店聚餐的时候，我也会刻意避开汉堡肉去点其他的菜品。它对我来说是一道很特别的菜。"

虽然他之前并没有意识到，但实际上对他而言，汉堡肉是"得到父亲认可的证明"。

我说："那今天回去的路上请饱餐一顿美味的汉堡

肉吧。"

　　他第一次露出了笑脸，回答道："当然，我会这样做的。我在来这里的路上发现了一家看起来很不错的店，回去的时候要去那里庆祝一下！"说完，他就离开了咨询室。

POINT：如果你心中相信"没能得到认可是因为自己不够努力"的话，就会故意制造出一些惩罚自己的状况。但是，如果你能够坦率地承认自己的心情的话，就能够接受来自他人的爱，这样，一直以来的努力也能得到回报。

案例 3：舍弃"我不应获得幸福"的执念

不断伤害爱自己的人，最终选择分手

这是一位女士的恋爱咨询案例。

她对我说的第一句话是"我觉得我这种人不应该获得幸福"。我问她为什么，她向我讲述了下面的故事。

她有一位交往了 4 年的男友，也已经和他订婚了，但几个月前她向对方提出了分手。她说："他是个很好的人，非常温柔，会理解和接受我的一切，但我深深地伤害了他。我这种人就不应该获得幸福。"她的心里怀有这样的负罪感。

我在详细询问后得知，她的负罪感与二人之间的关系有着千丝万缕的联系。

○ 对温柔善良的他撒娇，将自己的情绪全部发泄到他的身上；

○ 将他用心准备的礼物当着他的面扔掉；

○ 多次随意临时取消约会；

○ 想见他的时候，即使他在忙工作也会叫他出来；

○ 一口都不吃他为自己准备的饭菜，还挑出各种毛病；

○ 刚开始交往的时候，瞒着他多次和前男友见面；

○ 趁他去海外出差的时候和其他男人约会；

○ 已经订婚并见过了他的父母，自己却毁掉了婚约。

她的"忏悔"似乎没有尽头。

甚至她还产生了"想要让对方获得幸福，我就不应该获得幸福"的执念。

我突然想到一个问题，就问她："你俩应该也不是很合适吧？在一起的时候是不是会感到很无聊？"

她回答道："唉，那倒也是！他确实很温柔，也很沉稳，不怎么会主张自己的意见，所以约会的时候一般都是我来做决定的。我也经常会想，如果他能够带着我去各种地方该有多好。"

我笑着对她说："那这就是没办法的事了。"

她所做的事情的确很过分，放到我身上的话，我也不乐意被人这样对待。但我们可以用"事出必有因"的思路来想一下。于是，我试着去探究这样一个问题：为什么她会采取如此态度来对待他呢？

他们之间的关系不单单是性格不合，应该还有其他更重要的原因在里面。

摆脱母亲的"诅咒"，与不成器的男人交往

这位女士的父母关系一直都不好，吵架是家常便饭。为了钱的事、工作的事和家里的事，每当母亲向父亲抱怨时，父亲都忍不住要吵回去，所以她几乎每天都是这样度过的。也许是出于这个原因，父亲经常不回家，而作为家里长女的她，可以说是每天听着母亲的抱怨长大

的。母亲不只是对父亲满腹抱怨，从婆婆到邻居家的大婶，说起他们来也毫不嘴软。

在心情不好的时候，母亲甚至会说："要不是因为你，我早就离婚了。"不难想象，这句话给她带来了多大的伤害。

但即使是面对这样的状况，这位女士也在努力地鼓励自己的母亲，对她露出笑脸，并表现出一副精力充沛的样子。为了不让母亲担心，她一直都努力做一个好孩子。话虽如此，这样的日子也确实非常辛苦，于是她暗暗决定要"早点离开家，找到工作，自食其力"。

从进入当地的高中开始，叛逆期的她突然变得态度激烈了起来。母亲开始经常干涉她的穿着和行为举止。看到她穿稍微短一点的裙子，母亲会刻薄地说："小孩子穿那么性感干什么，有男友了？"有时她从学校放学回家晚了，母亲也会抱怨道："去哪里鬼混去了，你是不良少女吗？"一来二去，她也开始顶嘴，于是几乎每天都在和母亲吵架。

渐渐地，她开始不去学校，动不动就旷课。也正是在这个时候，"早点离开家"的想法越来越强烈。离开家之后，她以成为一名护士为目标努力学习，并因为终于摆脱了母亲的"诅咒"而感到安心。

但她之后交往过的男友却全是不成器、游手好闲的人。照她自己说，那几年的生活好比是"才出狼窝，又入虎穴"，刚摆脱了母亲，却又陷入了与几任男友的困局。其中甚至有人对她暴力相向。

在成为护士后又过了几年，她与这位初中时期的同学重逢，并开始了交往。

不由自主地想要考验对方的爱情

在听她讲述自己的人生经历之后，我明白了很多事情。

这位女士想要尽力维护父母之间变得很差的关系。听母亲诉苦并提供帮助，便是她所做出的努力之一。

然而，母亲非但没露出笑容，还总是说他人的坏话。

这就给她带来了"我帮不了母亲"的无力感。我们可以将这种无力感看作一种负罪感的表现。

还有母亲对她说过的"要不是因为你，我早就离婚了"这句话，虽然可能不是出于母亲的本意，但确实深深地伤害到了她。

"我是不是不应该出生在这个世上？"像这样否定自己存在意义的话语，会与悲伤和寂寞一起，让她为自己的存在背上沉重的负罪感。

"要是没有我就好了，不会有人爱我的。"

这样的想法深深地刻在了她的心里。

随着我们每个人的成长，我们都会逐渐形成一种被称为"观念"的东西。它既可能是一种执念，比如"我就是这样的人"；也可能是一种自我规定，比如"这样做我就不会受伤"。

这位女士心中既有着很深的负罪感，也有着"不会有人爱我"的强烈执念。而她也听从这样的执念，只去接触那些"不爱我的人"，因此，她才会与拥有各种问题的不成器的男人交往。

惹出一大堆麻烦来找她帮忙的男人，嘴上说得漂亮但同时到处寻花问柳的男人，对她口出狂言、施加暴力的男人……她曾拿出自己的积蓄为某任男友还债，也曾允许某任男友带其他女人到她住的地方鬼混。凡此种种，都让她心中的"不会有人爱我"的执念逐渐加深。

她与我们在本节开头提到的那位男友的交往也正是从这个时候开始的。

这个男人很温柔，总是支持着她。他既是耐心听她诉说的"心理咨询师"，又是虽然和她同年但可以让她安心依靠的像兄长一样的人。

深信"不会有人爱我"的她，得到了如此温柔的对待，接下来会发生什么事呢？

没错，她想要去考验对方。

"你真的爱我吗？你从这个栏杆上跳过去我就相信你。"像这样，她考验了他无数次。

这种对爱情的考验，其实全部都是她心中的负罪感所创造出来的东西。

"不会有人爱我"这种想法原本就来自负罪感。负罪感是会让自己受伤，让自己变得不幸的情感。心中对此深信不疑的她，在每次得到对方的爱的时候都会不受控制地去否定这份爱。

事实上，当她对男友做出很过分的事情时，自己也会产生强烈的负罪感，有时会为此而向对方道歉。虽然对方会说"没事，我不在意"，然后原谅她，但她自己却并不能原谅自己，从而导致负罪感不断地累积、加深。

然后，她就会像母亲对父亲所做的那样，或者像前男友对她所做的那样，口无遮拦地发牢骚，甚至辱骂对方。

她很聪明，在两人交往的时候就发现了这一点。

"一不留神，我就做了和母亲一样的事。我很讨厌这样，也因此而想过要从他身边离开。"

她很讨厌自己的母亲，毕竟母亲对她做出了那么过分的事。而当她发现自己做出了和母亲一样的事情时，就开始越来越讨厌自己了。

这样的恶性循环不断推进，她自己心中的负罪感也越来越强烈，以致她开始对与男友的交往感到痛苦。

"他每次温柔待我，都会让我产生自责的感觉。为什么他不生气？为什么他不骂我？我心中的某个地方总是会这样想。"

另外她还表示，自己之所以接受男友的求婚，现在想起来应该也是出于负罪感。"因为我对他做了很过分的事，所以必须和他结婚才行。"

因此，就在男友因为她接受了求婚而欢喜不已的同时，她自己却对二人在一起这件事感到越来越痛苦。最终，她提出了分手。

听她讲完自己的这段人生经历，我产生了一种无法去责备她的心情。

我对她说："你没有任何错误。"我告诉她，因为她经历了这么多事情，所以对男友的温柔和爱感到恐惧也是没有办法的事。然后我又说："也许你自己没有意识到，但想要考验男友的心情也不是不能理解。毕竟在与他重逢之前，你从没有遇到真正接纳你、理解你、爱你的人，所以你对他采取这种态度也是可以理解的。"

真正想要帮助的是自己的母亲

　　然后，我向她阐述了我认为最重要的一个观点。

　　"你觉得，你对男友做出了和母亲一样的事情，是因为什么呢？

　　"这恰恰证明了你深爱着你的母亲。也许现在你已经变得讨厌她了，但你应该还记得那些自己爱着母亲的日子。毕竟你在成长过程中一直支持着她。

　　"你每天都一边听着母亲的牢骚和咒骂，一边鼓励着她，对吧？你一直都在小心翼翼地不给母亲添麻烦，对吧？这些事情都是因为心里有爱才能做到的。但你最终还是没能够帮到她，所以才会产生深深的无力感和负罪感。

　　"所以，你在这之前喜欢上的人，都是受到过伤害、需要帮助的人。其实在你内心的最深处，你真正想要帮助的是你的母亲。

　　"你知道自己有多爱你的母亲吗？

"也许正是因为你爱着你的母亲，才会无意识地模仿她的做法。

"为了理解母亲当初为什么那么痛苦，去做和她一样的事是最有效的方法。

"因此，你对男友做了和母亲一样的事。

"你应该已经意识到了吧。你那位温柔的男友，实际上就是当初的你自己。你还记得他为你所做的事吗？你当初是否也像他一样，尽全力善待自己的母亲呢？就算母亲给你脸色看，你也笑颜以对；就算母亲骂你，你也首先会担心她，不是吗？

"那么，你是否也能理解母亲心中巨大的负罪感了呢？

"你对男友怀有的负罪感和母亲对你怀有的负罪感，其实是完全一样的，不是吗？

"你的母亲在对你发出牢骚和不满的时候，其实心中也怀着和你现在一样的心情。她当时也是这么痛苦，你现在可以理解了吗？"

想要和爱自己的男友重新开始

当我说到一半的时候，她的脸上流下了大颗的泪水。口齿伶俐的她在听我解释的时候一言不发，听着听着就开始低声呜咽。

她因为爱着自己的母亲，才走上了和母亲相同的人生道路。

也正是因为这样的负罪感，连无法接受爱自己的人都被她模仿了过来。

"我的母亲也一样地痛苦，当时我完全看不出来。现在我自己正经受着类似的痛苦，而其他人也不太容易看得出来。我完全懂了。不过，他都是因为我才遭受了这样的对待，我该怎么做才好呢？"

她用含泪的眼睛看向我。

我的回答很简单："去见他一面如何？请再次向他道个歉。如果你还愿意的话，试着重新开始这段感情如何？"

她吃惊地看着我，然后起身离开了咨询室，去了对方的家里。

后来的故事如大家所料。与她分手之后，那个男人很快和另一个女人在一起了，但交往一直不顺利，后来二人就分开了。不知为何，他也总是忘不掉她。

希望她能获得幸福。不过，对于我们心理咨询师来说，"没有消息就是最好的消息"，我能做的只有为她祈祷而已。

POINT：有时我们会像她一样，因为爱着自己的母亲，才走上和母亲相同的人生道路。为了理解母亲的心情，找到与曾经的自己一样的伴侣，试图重现过去的关系。如果我们能够理解这个机制，就能从负罪感之中得到解放，允许自己获得幸福。

案例4：以爱为出发点，治愈伴侣的负罪感

丈夫工作太忙，夫妻陷入无性婚姻

曾经有一位女士向我咨询夫妻关系。

那是她结婚后的第4年，也差不多到了想要个孩子的时候，但由于丈夫工作实在太忙，夫妻二人完全没有这样的机会。最近她猛然发现，她和丈夫已经近半年没有过性生活了。30多岁的她，正处于为生育而焦急的年纪。

我向她询问了关于她丈夫的事，发现她丈夫的心中怀有强烈的负罪感。

她的丈夫从事咨询工作，经常加班到深夜，周六日

也不休息，是典型的工作狂。她告诉我，丈夫在结婚前就为了拿到工商管理硕士学位（MBA），一边工作，一边上大学。这种一刻也不放松的努力状态已经持续了将近 10 年。

她很担心丈夫的身心健康，一直在为他做营养均衡的饭菜，将家里布置得舒舒服服，还认真听他诉说，全力支持着他。丈夫却只会对她说"不好意思，等工作不忙了再慢慢打算吧"，但从来也不减少自己的工作量，永远都是一副被什么东西追赶着的样子，一刻也不得休息。他每天只睡三四个小时，并且经常会做噩梦，这一点也让她很担心。

她丈夫的父亲是个酒鬼，每天都会烂醉如泥，口吐脏话。而她丈夫的母亲一直都在忍耐着，由于家里也没什么钱，只能靠打零工度日。丈夫曾经告诉她："我从没有看到过父母的笑容。"

因此，她的丈夫作为家中长子，为了不给母亲添麻烦，从小就是一个好孩子。他还有个弟弟，有时会代替父母照顾弟弟。

脑筋聪明、成绩优秀的丈夫从高中考上了一流大学，之后就开始在学业之余打工贴补家用。

听了她的讲述，我发现她丈夫的心中怀有非常强烈的负罪感。

通读本书的各位读者朋友想必已经明白：无法帮助母亲的无力感（负罪感）太过强烈，以至于她的丈夫为了不给他人带来麻烦，一直都在主动做一个好孩子，承担过多的家庭责任。当然，叛逆期似乎也完全没有在他身上出现过。

再深入分析的话，未能帮助父亲的负罪感也存在于他的心中。如果说他的父亲沉迷于饮酒，那他自己则沉迷于忙碌工作的状态。虽然沉迷的对象各不相同，但沉迷的程度却都可以算得上依赖症了。

就如同他的母亲是一个忍耐力很强的人一样，他的妻子也一直默默地支持着高强度工作的他，打点好家里的一切。

随之而来的是，作为妻子的这位女士也因为无法帮到他而深陷于负罪感的深渊。

通过肯定暗示，摆脱"依恋"

于是我问她："你想帮助丈夫，对吧？"

她垂着头回答："当然。可我还有什么可以做的呢？我能想到的都已经做过了，但一点用都没有。"

"首先你需要放下自己的负罪感。比如，你会不会因为自己没能帮到丈夫而觉得自己很没用呢？"

"我一直都这么觉得。"她苦笑了一下。

负罪感会造成"依恋"。而夫妻二人又经常会为同一种情感而感到痛苦。

如果丈夫背负着沉重的十字架的话，走在他旁边的妻子也会背负上同样的十字架。当然，这种情况的出现是因为妻子爱他。

所以，我首先建议她摆脱这种"依恋"状态。

我是我，丈夫是丈夫。

我可以靠自己获得幸福，他也可以靠自己获得幸福。

我支持他的选择，为他加油助威。

我会选择自己的幸福。

我让她试着用以上的话进行自我暗示（参照本书第145页）。这个方法我经常在想要摆脱"依恋"、找回"自我中心思维"的时候使用，每天念几遍，效果意外地好。

然后，我对她说："极端地讲，你甚至可以产生这种想法——他自己擅自接下了过量的工作，跟我没有任何关系。"虽然听起来似乎有些冷漠，但为了让她摆脱二人之间的"依恋"关系，我故意使用了较为严厉的表述。

为了找回以自我为中心的思维方式，我向她建议道："不要考虑丈夫，去做自己喜欢做的事。每天都去探索各种能让自己开怀一笑的事情，并一件一件去做。"

由于想要帮助丈夫的心情太过强烈，她的大脑一直被丈夫的事情占据。这样她就陷入了一种将自己的事情推后处理的"自我丧失状态"。这就像想要去救溺水的人，结果自己也溺水，二人一同丧失了生命一样。所以，她首先要拯救的是她自己。

　　这位女士在离开咨询室的时候问我："我应该怎样对待丈夫呢？我应该为他做些什么呢？"

　　我告诉她："你现在为他做的已经够多了。请你以后不要勉强自己，不然两个人可能会一起倒下。所以，你只需要去做自己想要做的事情就足够了。"

不考虑丈夫，专心做自己想做的事

　　从那之后，她就把以前为了照顾丈夫的感受而没有做的事情做了一遍。话是这么说，其实也只是一些很普通的事情，比如和朋友们出去吃个午饭，体验从很久前就感兴趣的东西，时不时回一趟老家，等等。受困于"丈夫那么努力，我这么做真是对不起他"这种想法，不知从何时开始她就已经让自己过上了禁欲的生活。

　　在我第二次见到这位女士的时候，她比上次开朗了许多。她向我报告，最近自己高兴的时候明显多了不少。之前在丈夫的面前都是强颜欢笑，现在她可以很自然地露出笑容了。

　　负罪感甚至都不允许我们露出笑容。因此，能够开怀一笑，就是我们已经放下心中负罪感的证据。

　　之后，我向她传授了几种治愈丈夫的负罪感的方法。

　　一是尽可能多对他说"谢谢"。正如本书第 149 页所介绍的那样，感谢可以消除我们心中的负罪感。

　　二是用"我爱你"等话语表达自己的爱。虽然这样做有时会给对方带来压力，但因为丈夫一直都在付出，几乎没有怎么接受过妻子的爱意，所以我认为值得去冒这个险。

　　三是多多称赞丈夫。这与表达爱本质上是一样的方法，而她之前就一直在这么做了。

　　最后，我将下面这种想象训练的方法教给了她。

　　闭上眼，想象一下丈夫正在承受痛苦的脸。

　　你只是温柔地抚摸着他的脸。

　　你的手中放出温柔的光。

　　手之所及之处，都会微微发光。

这些光会沁入他的身体里。

你手中放出的光，充满了慈祥和爱。

请想象一下，你每次触碰他，

爱都会随之沁入他的体内。

他的身体渐渐变小，

从成年到青年，从青年到少年。

他变成了天真无邪的孩子，

最后变成了可爱的婴儿。

请你抱起这个婴儿。

他脸上的表情是什么样的呢？

他是在熟睡，还是睁着双眼？

请为这个婴儿沐浴。

轻轻地将他放进温度正好的水中。

温柔、认真地清洗他的身体。

然后，将他包在柔软的毛巾中，

擦干他的身体，为他裹上干净的襁褓。

在你的怀抱中，

这个婴儿开始安详地进入睡眠。

请你静静地看着他安宁的表情。

现在这个婴儿开始长大。

你将他放在床上，为他盖上被子。

他从少年长成青年，又继续长到成年，

最后变回了现在的他。

请想象一下熟睡中发出安稳的呼吸声的他。

再摸一摸他的头，

然后让意识回到现实中。

这个想象训练不仅能帮助妻子治愈自己的负罪感，还可以让她产生自己能够帮助丈夫的自信。

另外，不可思议的是，当妻子在进行这样的想象训练的时候，变化同样也会发生在丈夫身上。也许夫妻之间真的有一条看不见的绳子在连接着他们。

丈夫和夫妻关系都开始改变

第二次咨询之后，她就渐渐找回了自信。

她每一天都过得非常开心，也为丈夫做着力所能及的事，还时不时地做一下前面说到的想象训练。

就这样，一个月过去了。

那天，丈夫罕见地在晚上 9 点就回到了家。丈夫对她说："明天开始我应该能休息一下了，一直让你在家里等我真是对不起。我们去泡温泉好不好？"

其实，由于丈夫工作实在太忙，二人的新婚旅行也推后了。姑且能称得上旅行的，就只有年末和年初二人一同回到她娘家住一晚这种事。对于丈夫的提议，她当然没有意见。于是，丈夫立刻在网上查询了第二天便能入住的箱根[1] 旅馆。次日，二人就一同出发了。

1　箱根，日本的温泉胜地。

虽说是旅行，但丈夫一直以来应该也累坏了，在去往箱根的火车上，甚至在箱根的旅馆里，他几乎一直都在睡觉。可她完全没有感到无聊，因为丈夫安稳睡着的样子，她在想象训练中无数次见到过。再说了，好不容易能休息一天，丈夫就带她来了很久之前就想去的温泉，这让她非常清楚，丈夫也深深地爱着自己。

第二天，睡饱之后精神十足的丈夫久违地向她示爱，没有性生活的日子也结束了。

在回家的火车上，她一边回味着幸福的滋味，一边将自己迄今为止的感受告诉了丈夫。

她希望他能够多注意自己的身体。

虽然她很喜欢丈夫努力工作的样子，但当他努力过度的时候，实际上也是一种依赖症的表现，就像他的父亲依赖酒精一样。

她还讲了自己为了帮助他，没有办法而去寻求心理咨询师的帮助。

丈夫一言不发地听她说着。

听完之后，丈夫笑着对她说："说实话，我完全没有注意到你经历了这么多。我现在满心都是对你的歉意，以及对你如此为我着想的谢意。"

从那之后，丈夫与她约定：每晚 10 点前一定回家，周六日至少休息一天来陪她。

看起来生孩子的计划也终于可以提上日程了。希望她可以带来新的好消息，我翘首以盼。

POINT：当夫妻关系不顺利的时候，责备对方是最容易出现的状况。但如果我们能够理解对方，本着自己心中的爱去做力所能及的事，那么双方的关系会发生令人惊异的改善。我们可以用自己的爱来治愈因负罪感而痛苦的伴侣。

终　章
以你现在的样子也可以获得幸福

　　我们很容易会认为，负罪感是为了让我们无法获得幸福而设下各种各样的陷阱的负面情感。但事实上，负罪感的背后存在着爱。正是因为心中有爱，我们才会产生负罪感。

　　因此我认为，比起费尽心力去消除负罪感，掌握与这种情感和谐共存的有效方法会让我们更容易得到幸福。

　　当我们将注意力集中在负罪感身上的时候，就会很难认同自己可以获得幸福这一点。但如果我们能够将注意力稍微偏离一些，就会发现同样的地方还存在着爱。

这样我们马上就能够感到幸福。

所以，怀着想让大家发觉负罪感背后所隐藏的爱的愿望，我动笔写了这本书。我希望大家能够明白，无论你的心中是否存在着负罪感，你都能够"以你现在的样子"获得幸福。

当我们因为负罪感而惩罚自己的时候，对于爱你的人来说，看到你这样做会让他们感到悲伤和痛苦。如果我们能够理解对方的感受，就可以将注意力从负罪感上转移开，从而对他人给予自己的爱表示感谢，并在这一刻获得属于自己的幸福。

通过多年来的心理咨询和研讨会，我意识到，获得幸福其实不需要真的得到什么东西，也不需要为它付出过度的努力。

以你现在原原本本的样子，同样能够获得幸福。

而为了做到这一点，我们只需要将自己注意力所聚焦的地方从负罪感转移到爱上面。

本书以此为目标，为大家介绍了相应的思考方式和操作办法，并用大量的篇幅尽可能多举了一些事例。如果各位读者朋友可以从这些事例中得到一些灵感，并且付诸实践，那将是一大幸事。

一旦我们逃离了负罪感的掌控，就会感到心情变得不可思议地轻松，周围的风景也变得明亮了起来。我们的心中会自然地涌起前进的冲动，也会因自己现在能存在于这里而充满欢乐与感激之情。

即便是带领大家摆脱负罪感的我，有时也会深陷于负罪感的陷阱。而每当这个时候，我就会将自己的注意力从负罪感转移到爱和感谢上面。或许是因为这个原因，我曾经如铅一样沉重的心，现在已经变得非常轻盈了。

"以你现在的样子，以你原原本本的样子，完全能够感到幸福。"

我最想要通过这本书向大家传达的就是这句话。

希望你能够过上比现在更加幸福的生活，我在此为你加油鼓劲。

本书的创作过程得到了 Discover 21 出版社的各位员工、一直为我加油的学员和读者、支持我的工作人员、

带给我快乐并让我接受教育的家人的帮助，谨在此致以
谢意。因为大家的爱，我才能够走到今天。谢谢大家！

根本裕幸

2019 年 6 月